W0259876

Christoph F.-J. Goetz

Online-Sicherheit von Patientendaten

DuD-Fachbeiträge

herausgegeben von Andreas Pfitzmann, Helmut Reimer, Karl Rihaczek und Alexander Roßnagel

Die Buchreihe DuD-Fachbeiträge ergänzt die Zeitschrift DuD – Datenschutz und Datensicherheit in einem aktuellen und zukunftsträchtigen Gebiet, das für Wirtschaft, öffentliche Verwaltung und Hochschulen gleichermaßen wichtig ist. Die Thematik verbindet Informatik, Rechts-, Kommunikations- und Wirtschaftswissenschaften.
Den Lesern werden nicht nur fachlich ausgewiesene Beiträge der eigenen Disziplin geboten, sondern auch immer wieder Gelegenheit, Blicke über den fachlichen Zaun zu werfen. So steht die Buchreihe im Dienst eines interdisziplinären Dialogs, der die Kompetenz hinsichtlich eines sicheren und verantwortungsvollen Umgangs mit der Informationstechnik fördern möge.

Unter anderem sind erschienen:

Hans-Jürgen Seelos
Informationssysteme und Datenschutz im Krankenhaus

Heinrich Rust
Zuverlässigkeit und Verantwortung

Joachim Rieß
Regulierung und Datenschutz im europäischen Telekommunikationsrecht

Ulrich Seidel
Das Recht des elektronischen Geschäftsverkehrs

Günter Müller, Kai Rannenberg, Manfred Reitenspieß, Helmut Stiegler
Verläßliche IT-Systeme

Kai Rannenberg
Zertifizierung mehrseitiger IT-Sicherheit

Hannes Federrath
Sicherheit mobiler Kommunikation

Volker Hammer
Die 2. Dimension der IT-Sicherheit

Michael Sobirey
Datenschutzorientiertes Intrusion Detection

Dogan Kesdogan
Privacy im Internet

Kai Martius
Sicherheitsmanagement in TCP/IP-Netzen

Alexander Roßnagel
Datenschutzaudit

Patrick Horster (Hrsg.)
Systemsicherheit

Gunter Lepschies
E-Commerce und Hackerschutz

Andreas Pfitzmann, Alexander Schill Andreas Westfeld, Gritta Wolf
Mehrseitige Sicherheit in offenen Netzen

Helmut Bäumler (Hrsg.)
E-Privacy

Patrick Horster (Hrsg.)
Kommunikationssicherheit im Zeichen des Internet

Christoph F.-J. Goetz
Online-Sicherheit von Patientendaten

Christoph F.-J. Goetz

Online-Sicherheit von Patientendaten

Telematische Sicherheitskonzepte für niedergelassene Ärzte

Die Deutsche Bibliothek – CIP-Einheitsaufnahme
Ein Titeldatensatz für diese Publikation ist bei
Der Deutschen Bibliothek erhältlich.

1. Auflage Juni 2001

Ursprünglich erschienen bei Friedr. Vieweg & Sohn Verlagsgesellschaft
mbH, Braunschweig/Wiesbaden, 2001
Softcover reprint of the hardcover 1st edition 2001

Der Verlag Vieweg ist ein Unternehmen der Fachverlagsgruppe BertelsmannSpringer.
www.vieweg.de
vieweg@bertelsmann.de

Gedruckt auf säurefreiem und chlorfrei gebleichtem Papier

Höchste inhaltliche und technische Qualität unserer Produkte ist unser Ziel. Bei der Produktion und Auslieferung unserer Bücher wollen wir die Umwelt schonen: Dieses Buch ist auf säurefreiem und chlorfrei gebleichtem Papier gedruckt. Die Einschweißfolie besteht aus Polyäthylen und damit aus organischen Grundstoffen, die weder bei der Herstellung noch bei der Verbrennung Schadstoffe freisetzen.

Konzeption und Layout des Umschlags: Ulrike Weigel, www.CorporateDesignGroup.de

ISBN 978-3-322-90280-1 ISBN 978-3-322-90279-5 (eBook)
DOI 10.1007/978-3-322-90279-5

Vorwort

Auch wenn Grundlagen für „Sicherheitskonzepte“ der EDV schon vor Jahren gelegt und in der Zwischenzeit ausgebaut sind, mangelt es im Gesundheitswesen und speziell für niedergelassene Ärzte immer noch an auf deren Bedürfnisse abgestellte, mit anderen „Health Professionals“ abgestimmten Sicherheitskonzepten. Dieses Buch will einen aktiven Beitrag leisten, dies zu verbessern und notwendige Materialien für die erforderliche Diskussion und Abstimmung unterschiedlicher Interessen liefern.

Als wesentlich wird dabei hervorgehoben, dass gegenwärtig viele äußerst heterogene Ansätze explorativ evaluiert werden und ihnen noch keine abschließende Wertung zugeordnet werden kann. Gerade in Sachen Sicherheitskonzepte müssen aber die Themen Interoperabilität und gegenseitiges Vertrauen zwischen den unterschiedlichen Akteuren einem Konsens zugeführt werden. Technik alleine kann für sich kein Vertrauen begründen, sondern lediglich jene vertrauenswürdige Strukturen abbilden, die anderenorts beschrieben werden und einen Konsens gefunden haben. Bei einer solchen, systematischen Beschreibung „sicherer“ Ansätze für niedergelassene Ärzte soll hier aufgesetzt und dazu folgender Weg beschritten werden, wobei aktuelle Entwicklungen gezielt berücksichtigt und eingearbeitet wurden.

Als Basis späterer Abschnitte werden ausgehend von der aktuell verfügbaren Literatur eingangs wesentliche Begriffsbestimmungen angeboten. Dann wird das informationstechnische Grundverständnis der wichtigsten Akteure im Gesundheitswesen skizziert, an dem sich entwickelte Empfehlungen messen lassen müssen. Anhand relevanter Rechtsgrundlagen, Vorgaben und Richtlinien der Europäischen Union, Deutschlands und eines Bundeslandes wird dann vorgestellt, in welchen rechtlichen Rahmen die heutige Telematik im Gesundheitswesen eingebettet ist, die gegenwärtig als richtig und gültig anerkannt werden muss.

Anschließend werden „Sicherheitskonzepte“ auf den Bereich der niedergelassenen Ärzte projiziert und spezielle Chancen und Risiken der einzelnen Methoden aufgezeigt. Als Anknüpfungspunkt für sicherheitstechnisch notwendige Entwicklungen und Voraussetzungen für Online-Verfahren werden dann vorhandene Methoden gesammelt, systematisch beschrieben und daraus als Synthese ein Stufenplan für ein Sicherheitskonzept aufgezeigt, bzw. beschreiben, wo noch weiterer Diskussions- und Abstimmungsbedarf besteht. Dabei wird dargestellt, dass sich bereits heute gesicherte Erkenntnisse, genauso wie sicher abzulehnende Methoden in diesem Bereich identifizieren lassen.

Dieses Buch ist ursprünglich als Dissertation entstanden und allen Vorreitern und aktiven Gestaltern neuer Welten gewidmet, im Gedenken einer ihrer unvergesslichen Personifizierungen, Herrn Dr.med. Ottfried P. Schaefer, vielen auch bekannt unter seiner einprägsamen E-Mail Kennung „Drops".

> Mögen sie den Weg zwischen der Scylla blinder Neuerungs-Verliebtheit und der Charybdis innovationsfeindlicher Stagnation finden.

Ein spezieller Dank geht an Frau PD. Dr.med. Roswitha Thurmayr und an Herrn Prof. Dr.med. Rudolf Thurmayr, die mit ihrer Unterstützung das vorliegende Buch überhaupt erst möglich gemacht haben. Ausdrücklich gedankt sei auch den Herren Prof. Dr.med. Wilhelm van Eimeren, Dipl.-Ing. Jürgen Sembritzki, Dr.med. Rudolf Burger und den unzähligen anderen „Telemedizin-Besessenen", die mit ihrem Input, Rat und kritischer Begleitung viele Gedanken dieses Buches geformt und gefestigt haben.

Es liegt auf der Hand, dass bei der hoch dynamischen Entwicklung von informations- und kommunikationstechnischen Methoden auch Überlegungen zur Sicherheit und ihre Rezeption einem laufenden Wandel unterliegen. Hinweise zum Ausbau und der Anpassung der in diesem Buch vorgestellten Informationen werden jederzeit gerne aufgegriffen.

München, im Mai 2001

Christoph F-J Goetz
Christoph.Goetz@kvb.de

Inhaltsverzeichnis

1 Einleitung

Telematik (s. Abschnitt 3.1, Seite 10) hat in den wenigen Jahren ihres Bestehens, Dank dem starken Interesse der Industrie und dem rasanten Fortschritt der Technologie, umfassend alle Bereiche des täglichen Lebens durchdrungen und sich eine starke wirtschaftliche Vormachtstellung erarbeitet, so dass heute von der „Multimediagesellschaft" der nächsten Dekade gesprochen wird. Auch vor dem Gesundheitswesen in Deutschland macht diese Entwicklung keinen Halt.

Wie jede Technologie, öffnet die Telematik dem Gesundheitswesen neue Horizonte, schafft aber auch gleichzeitig neue Probleme.

Bei näherer Beschäftigung mit diesem Thema wird deutlich, dass sich in Bezug auf die Telematik im deutschen Gesundheitswesen gegenwärtig eine Schere öffnet zwischen technologischen Initiativen der Industrie und Vorbereitungen bzw. aktiver Gestaltungsansätze mancher Standesorganisationen.

In der nun in Gang kommenden Diskussion der ärztlichen Körperschaften, und sonstigen Einrichtungen der niedergelassenen Ärzte wird zwar gerne aufgeführt, dass es angesichts der Telematik keinen Anlass für ein „übertriebenes" Engagement gibt, da auch in der Vergangenheit Rechtsgrundlagen und Organisationsstrukturen „gewachsen" sind und nicht proaktiv geschaffen werden mussten.

Geschichtlich gesehen, sind heutige Rechtsbeziehungen und Strukturen im deutschen Gesundheitswesen das Ergebnis jahrzehntelanger Aktivitäten, die jeweils die allgemeine gesellschaftliche Entwicklung begleitet haben. Insoweit gab es seit Bismarcks Zeiten selten wirklich eiligen Handlungsbedarf der Verwaltungsträger. Heute jedoch vollzieht sich ein außerordentlich schneller Paradigmenwechsel, von nicht absehbarer Tragweite.

Papiergebundene Dokumentation und Kommunikation weichen auch in der ärztlichen Praxis den neuen digitalen Medien. Wegen des großen Einsparungspotenzials und absehbarer Produktivitätssteigerung will die Industrie diesen Wandel so rasch wie möglich vollzogen wissen und setzt alles daran, jede Neuerung sofort umzusetzen. Auch unter der falsch konservativen Annahme eines künftig „nur" linearen Wachstums der Telematik wird die Entwicklung hin zur Informationsgesellschaft in weniger als einer Dekade vollzogen sein.

Während das Gesundheitswesen in Deutschland papiergebunden in etwa 100 Jahren gewachsen ist, bleibt nach dieser Projektion jetzt weniger als 1/10 dieser Zeit, um den radikalen Wandel von Strukturen und Techniken im Sinne aller Ärzte an diese neue Zeit anzupassen.

Grundsatz der vergleichbaren Rechtsgüter

Die Interessen von Initiativträgern der Telematik aus Industrie und Wirtschaft sind nicht gleichzusetzen mit den Interessen der Ärzteschaft. Gerade deswegen wäre es falsch anzunehmen, dass sich diese automatisch, ungefragt und freiwillig auf die Belange und Kerngebote ärztlicher Tätigkeit einlassen werden.

Es ist richtig, dass auch ärztliches Handeln und die daraus resultierende Dokumentation und Kommunikation der Wirtschaftlichkeitspflicht unterliegen. Aus diesem Grund sind mannigfaltige Synergismen zwischen Telematik-Initiativen der Industrie und Bedarf der Ärzteschaft zu erwarten. Doch bisher steht der Mensch immer noch im Vordergrund der ärztlichen Bemühungen und das muss so bleiben.

Als vereinfachend knappes Plädoyer darf gelten, dass die Telematik im Gesundheitswesen auf die gleichen Rechtsgüter aufbaut, genauso die Privatsphäre von Patient und Arzt schützt und effektiven Datenschutz sowie ärztliche Schweigepflicht garantieren muss, wie dies bisher bei der Verwendung klassischer Kommunikations- und Dokumentationsmedien der Fall war. Hierfür müssen bedrohungsadäquate Basiskonzepte und praktikabel sichere Implementierungen für die Nutzung dieser neuen Technologie geschaffen werden.

Kooperation mit anderen Teilnehmern des Gesundheitswesen

Das heutige Beziehungsgeflecht papiergebundener Kommunikation besteht im Gesundheitswesen zwischen Teilnehmern bzw. Mitgliedern unterschiedlichster Organisationszugehörigkeit und Zuständigkeit, z.B. Ärzte, Krankenhäuser, Apotheken, Krankenkassen, Kassenärztliche Vereinigungen und Ärztekammern. Gerade deswegen ist eine funktionierende Interoperabilität in der Telematik auf allen ihren Ebenen oberstes Gebot, wenn nicht ebenfalls disjunkte Übertragungswege und widersprüchliche Techniken sie eine ihrer sinnvollsten Vorteile berauben sollen, nämlich dem möglichst einfachen, wirtschaftlichen und effizienten Informationsaustausch.

Obwohl aus informationstechnischer Sicht wünschenswert, existiert im Gesundheitswesen keine umfassend normungsbefugte Instanz für alle vorgenannten potenziellen Kommunikanden. Trotzdem müssen babylonische Zustände nicht befürchtet werden; denn die Erfolge IBM-kompatibler Computer oder des Internets haben gezeigt, dass der Zweck notwendiger Normen auch durch die Schaffung so genannter „de facto Standards" erfüllt werden kann.

Die Erfahrung der Kassenärztlichen Bundesvereinigung mit ihren „xDT-Schnittstellen“[1] belegt eindrücklich, dass es auch im deutschen Gesundheitswesen möglich ist, Fakten im eigenen Einflussbereich zu schaffen, die dann von anderen Instanzen übernommen werden. Es ist daher kaum zu befürchten, dass einem vergleichbaren Vorgehen bei den anstehenden telematischen Fragestellungen die Akzeptanz versagt bleiben wird.

Da Antworten auf heute noch offene Fragen und Lösungen für bereits jetzt erkennbare Problembereiche der Zukunft selten „von selbst“ gefunden werden, muss jetzt im Sinne niedergelassener Ärzte zielgerichtet vorgegangen werden.

[1] „xDT“ ist der generische Sammelbegriff für die Familie der Datensatzbeschreibungen der Kassenärztlichen Bundesvereinigung (KBV) und des Zentralinstituts für die Kassenärztliche Versorgung in der Bundesrepublik (ZI) für den Bereich niedergelassener Vertragsärzte, abgeleitet aus u.a. den bekannten Vertretern „ADT“ (Abrechnungsdatenträger), „BDT“ (Behandlungsdatenträger) usw.

2 Zielsetzung

In jeder Arzt-/Patientenbeziehung spielt das Thema Vertrauen eine, wenn nicht gar **die** entscheidende Rolle. Das Vertrauen der Patienten in ihre Ärzte ist ein unschätzbar wichtiges Gut, auf das letztendlich der Erfolg jeder spezifischen Behandlung gegründet werden muss.

Mit dem bereits beschriebenen Paradigmenwechsel schiebt sich nun ein neues, von Manchen sogar als Bedrohung erlebtes, technisches Element in diese Beziehung. Dabei ist absehbar, dass unsachgemäßer Einsatz der Telematik im Gesundheitswesen, evtl. sogar auf der ersten Seite der Boulevardpresse breitgetreten, Erschütterungen der Arzt-/Patientenbeziehung nach sich ziehen würde, die nur schwer wieder gut gemacht werden könnten.

Einer solchen Erschütterung muss begegnet werden durch die Planung, Schaffung und Einführung entsprechend glaubhafter, praktikabler und vermittelbarer Sicherheitskonzepte. Nur durch diese kann bei der Telematik im Gesundheitswesen das Vertrauen der Patienten in ihre Ärzte erhalten bleiben.

Dabei ist festzuhalten, dass die Einführung der Telematik für sich nichts an den rechtlichen Grundlagen für Datenerhebung, Verarbeitung und Übermittlung bei den niedergelassenen Ärzten oder im Gesundheitswesen allgemein verändert. Von entscheidender Bedeutung bleibt grundsätzlich das informationelle Selbstbestimmungsrecht jedes Bürgers, sei er nun Patient oder Arzt.

Allgemeine Grundlagen für „Sicherheitskonzepte“ bei der elektronischen Datenverarbeitung (**EDV**) und Daten-Fern-Übertragung (**DFÜ**) wurden schon vor Jahren gelegt und in der Zwischenzeit immer weiter ausgebaut[2]. Trotzdem mangelt es im Gesundheitswesen und speziell für niedergelassene Ärzte immer noch an einem auf deren Bedürfnisse abgestellten, mit anderen „Health Professionals“ abgestimmten Sicherheitskonzepten.

[2] so z.B. die bekannten „IT-SEC“, Kriterien für die Bewertung der Sicherheit von Systemen der Informationstechnik, die in einer vorläufigen Form der harmonisierten Kriterien 1991 vorgelegt wurden oder die international ebenfalls bekannten „CoCo“, Common Criteria for Information Technology Security Evaluation, deren Version 2.0 aus dem Jahr 1998 stammt.

Dieses Buch will zur Sicherung der notwendigen Vertrauensbasis zwischen Arzt und Patienten einen aktiven Beitrag leisten, zum bereits beschriebenen, absehbaren Paradigmenwandel - weg von einer papiergebundenen Dokumentation und Kommunikation, hin zur Realisierung einer ausgewogenen Telematik im Gesundheitswesen - in der niedergelassenen Praxis. Dazu soll folgender Weg eingeschlagen werden:

- Zunächst kann festgehalten werden, dass, wie bei jeder „neuen" Technologie, auch bei der „Telematik im Gesundheitswesen" noch definitorische Vorarbeit geleistet und Abgrenzungsprobleme gelöst werden müssen. Viele Missverständnisse, Probleme oder gar Ungereimtheiten gegenwärtiger Diskussionen sind schon allein aus der unterschiedlichen Verwendung der neuen mit diesem Fachgebiet verbundenen Begriffe zu erklären.

  Daher wird, ausgehend von der aktuell verfügbaren Literatur, eingangs eine **Begriffsbestimmung** angeboten, an der sich die späteren Abschnitte orientieren. In ähnlicher Weise soll als Vorarbeit, möglichst kurz und knapp, das informationstechnische Grundverständnis der wichtigsten Akteure im Gesundheitswesen, den Patienten und den Ärzten, skizziert werden, an denen sich später aufgezeigte und aus Rechtsgrundlagen entwickelte Empfehlungen messen lassen müssen.

- Anhand einer Sammlung relevanter **Rechtsgrundlagen**, sowie Vorgaben und Richtlinien soll dann vorgestellt werden, in welchem Rahmen die heutige Telematik im Gesundheitswesen eingebettet ist, d.h. was gegenwärtig als richtig und gültig anerkannt werden muss. Dabei ist absehbar und wird speziell aufgezeigt, dass neben heute allgemein anerkannten Vorgaben, für einige Bereiche noch abschließend verbindliche Regelungen ausstehen oder sogar aktuelle Vorgaben, manchen möglichen und gewünschten Nutzungsbereichen entgegenstehen.

- In einem weiteren Abschnitt soll der Begriff „**Sicherheitskonzept**" auf den Bereich der niedergelassenen Ärzte projiziert werden und eine Darstellung spezieller Chancen und Risiken der einzelnen Methoden aufzeigen, wo die spezifischen Besonderheiten der Telematik-Anwendungen im Gesundheitswesen liegen.

  Als Anknüpfungspunkt für sicherheitstechnisch notwendige Entwicklungen und Voraussetzungen für Online-Verfahren bei niedergelassenen Ärzten werden dann vorhandene Methoden umfassend gesammelt und systematisch beschrieben.

- Ausgehend von einer solchen Gegenüberstellung will dieses Buch anschließend einen **Stufenplan für ein Sicherheitskonzept** als Synthese aufzeigen, für die Nutzung telematischer Methoden im Bereich niedergelassener Ärzte, bzw. beschreiben, wo noch weiterer Diskussions- und Abstimmungsbedarf besteht. Dabei ist absehbar, dass sich bereits heute gesicherte Erkenntnisse, genauso wie sicher abzulehnende Methoden in diesem Bereich identifizieren lassen.
- In der abschließenden Diskussion soll gezeigt werden, dass die für niedergelassene Ärzte in Deutschland heute vorhandenen und künftig geplanten Sicherheitskonzepte nicht für sich alleine stehen können. Bei einer immer **internationaleren Verzahnung telematischer Methoden** müssen sich nationale Ansätze in einen weiteren, europäischen oder gar internationalen Rahmen einfügen und können dabei diesen wiederum prägend beeinflussen.

Ausdrücklich wird darauf hingewiesen, dass mit dieser Darstellung jene Sicherheitsbelange angesprochen werden sollen, die sich speziell aus der Übermittlung personenbezogener Patientendaten ergeben, bzw. wo sich aus anderen, im Sinne dieses Buches neutralen Übermittlungsvorgängen, Gefahren ergeben für die Vertraulichkeit, Integrität oder Sicherheit von gespeicherten und selbst nicht übermittelten Patientendaten. Die grundsätzliche Sicherheit von personenbezogenen Bestandsdaten, im Sinne des informationstechnischen Grundschutzes, ist hier kein angestrebter Fokus.

Abschließend kann festgestellt werden, ohne die Ergebnisse dieses Buches vorwegzunehmen, dass inzwischen erkennbar erste Grundsteine gelegt sind und nun, in jener spannungsreichen Zeit ständiger Innovationen, ein ausgewogener Mittelweg gefunden werden muss, zwischen den unterschiedlichen Interessen der involvierten Akteure zum Wohl der Verbesserung, Sicherung und Wiederherstellung der allgemeinen wie der individuellen Gesundheit.

3 Notwendige Vorarbeiten

Viele aktuelle Initiativen der Telematik im deutschen Gesundheitswesen glänzen mit hochtrabenden Plänen und noch größeren Worten über die „Leistungen" einzelner Konzepte, Produkte oder Systeme. Dass dabei manchmal die Grenze nur ungenügend gezogen wurde zwischen Anschein und Realität, bzw. zwischen Absicht und Erreichtem, wird ignoriert.

Gerade für eine notwendigerweise konsensfähige Erarbeitung telematischer Sicherheitskonzepte kann konstatiert werden, dass eine wesentliche Quelle so offenkundig werdender Divergenzen in der unterschiedlichen Terminologie der Präsentatoren, wie auch in der ungenügenden Abgrenzung von Zielen und Selbstverständnis der unterschiedlichen Akteure ihre Ursache hat.

3.1 Definitorische Festlegungen

Während die Nutzung gängiger informationstechnischer Methoden im deutschen Gesundheitswesen inzwischen eine unbestreitbar wichtige und große Rolle spielt, ist die damit verbundene Entwicklung noch im Aufbau begriffen und ständig im Fluss. Eine Durchsicht „wichtiger" Studien, Berichte oder Gutachten zur Telematik im deutschen Gesundheitswesen seit 1996 macht sogar deutlich, dass noch nicht einmal die Terminologie hierzu als inzwischen gesichert gelten kann[3]. Zwar gibt es inzwischen eine

---

[3] Hierzu können u.a. nachfolgende, teils umfangreiche Arbeiten gerechnet werden:

TeleMedizin, Eine Übersicht, Studie des ITWM-Trier, Fraunhofer-Management-Gesellschaft, Studie der Projektgruppe Telemedizin [Meinel 1996:5].

Telematik im Gesundheitswesen, - Perspektiven der Telemedizin in Deutschland -, die sog. „Roland Berger Studie" [Roland Berger 1997:20 ff.].

Gesundheitswesen in Deutschland, Kostenfaktor und Zukunftsbranche, Sondergutachten des Sachverständigenrats für die konzertierte Aktion im Gesundheitswesen [van Eimeren 1997].

Schlussbericht der Enquete-Kommission: Zukunft der Medien in Wirtschaft und Gesellschaft - Deutschlands Weg in die Informationsgesellschaft, Schlussbericht für den Bundestag [Enquete-Kommission 1998].

Telematik-Anwendungen im Gesundheitswesen, Nutzungsfelder, Verbesserungspotentiale und Handlungsempfehlungen, Schlussbericht der AG7 des Forum Info 2000 [Brenner 1998:5].

...

Reihe beachtenswerter Ansätze für die systematische Aufarbeitung dieser definitorischen Lücken auf europäischer [Beolchi 1999] oder auf internationaler Ebene, z.B. die ISO 7498-2 Norm der „International Standard Organization“ (**ISO**), aber vergleichbare Ansätze für den deutschen Sprachraum sind erst in Entwicklung.

Hier muss diese Darstellung, nicht zuletzt auch zur Festigung allgemeiner Diskussionsgrundlagen bezüglich Terminologie und deren Verständnis, beschreibende Vorarbeit leisten, damit die nachfolgend erarbeiteten Konzepte in ihrer Nuancierung transparent werden und Ansätze klar von einander abgegrenzt werden können.

- Der Begriff „**Telematik**“ als das Kunstwort aus „**Tele**kommunikation“ und „Infor**matik**“, bezeichnet allgemein die Übermittlung jeglicher digitaler Daten auf elektronischem Wege [de Moor 1999:4] und stellt damit jenen umfassenden Basisbegriff dar, dessen Realisierung heute alle Bereiche unserer modernen Kommunikationsgesellschaft prägt.
  - Fokussiert auf den medizinischen Bereich bezeichnet der daraus gebildete Überbegriff „**Telematik im Gesundheitswesen**“ die Gesamtheit aller telematischer Methoden zur elektronischen Übermittlung von digitalen Informationen in allen Bereichen des Gesundheitswesens.
  - Deutlich zu unterscheiden ist hingegen der oftmals missbräuchlich verallgemeinernd verwendete Begriff „**Telemedizin**“ (so z.B. in [Lauterbach 1999:7] oder im angloamerikanischen Sprachgebrauch, s. Fußnote [113], Seite 136). Dieser letztgenannte Terminus bezeichnet die Erbringung konkreter medizinischer Leistungen, seien diese Diagnostik oder Therapie, mit den Mitteln der Telematik [Goetz 1999b].

Länderübersicht Telematik- und Telemedizinanwendungen im Gesundheitswesen in der Bundesrepublik Deutschland, Ergebnisse der Länderbefragung, BMG-Umfrage [Bundesgesundheitsministerium 1998:1].

Informationstechnologien im Gesundheitswesen, Telemedizin in Deutschland, ein Gutachten von Prof. Lauterbach, Auftrag der Friedrich Ebert Stiftung [Lauterbach 1999:7].

- 1997 geprägt durch die Roland-Berger-Studie und 1998 vertieft im Rahmen des „*Forum Info 2000*"[4], bezeichnet im Gesundheitswesen der Begriff „**Telematik-Plattform**" (Abb. 1) die Gesamtheit der rechtlichen, organisatorischen und technologischen Komponenten sowie Dienste, die eine offene und - wo notwendig - geschützte und sichere Kommunikation und Kooperation zwischen Nutzern und Anwendungssystemen im Gesundheitswesen ermöglicht [Brenner 1998:4].

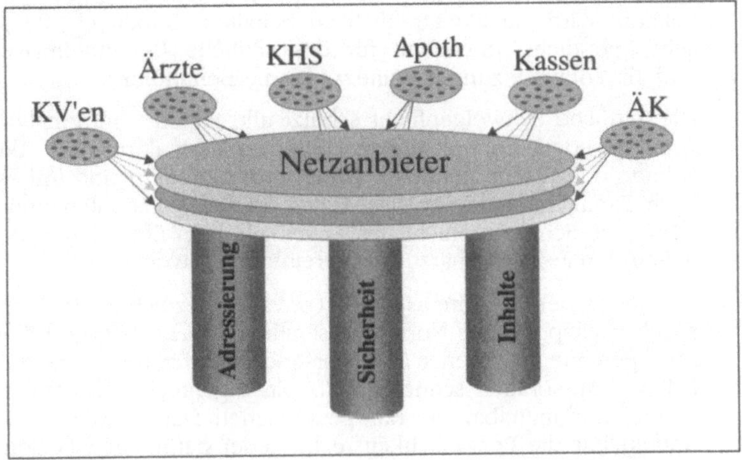

Abbildung 1: Telematik-Plattform für das Gesundheitswesen

Kernpunkt aller diesbezüglicher Technik ist die gemeinsame, abgestimmte und vor allem interoperable Nutzung von Methoden a) zur gegenseitigen Adressierung, b) zur Herstellung einer entsprechenden Vertrauenswürdigkeit und c) zur Fassung übermittelter Inhalte, im Sinne von den drei tragenden Säulen einer solchen Plattform.

[4] Das *Forum Info 2000* war eine Initiative der Bundesregierung zusammen mit dem Bundesministerium für Wirtschaft (BMWi) und dem Bundesministerium für Bildung und Forschung (BMB+F) als zentrales Element des Aktionsplanes der Bundesregierung für „Deutschlands Weg in die Informationsgesellschaft".

Da jeder Teilnehmer in eigener Individualentscheidung auf die wettbewerblich organisierte Struktur der Kommunikationsdienstleister zugreift, sind standardisierte und interoperable Schnittstellen zwingende Voraussetzung für eine funktionierende Telekommunikation.

- Die „**ärztliche Schweigepflicht**" bezeichnet als zentraler Pfeiler des ärztlichen Selbstverständnisses die Pflicht des Arztes, alles, was ihm vom Patienten im Rahmen der ärztlichen Behandlung anvertraut oder bekannt wird, auch vertraulich zu behalten. Dabei gilt die ärztliche Schweigepflicht umfassend für das ärztliche Behandlungsverhältnis und als Voraussetzung für eine wirksame Behandlung.

  Die ärztliche Schweigepflicht schützt alle Patienteninformationen gegenüber jedem unberechtigten Dritten in jeder Form (z.B. Akte, Karteikarte oder Computerdatei). Dritte in diesem Sinn sind insbesondere auch Familienangehörige des Arztes oder des Patienten und andere Ärzte. Die Schweigepflicht des Arztes gilt auch über den Tod des Patienten hinaus [Kassenärztliche Vereinigung Bayerns 1999:9][5].

- Der Rechtsbegriff „**Datenschutz**" (privacy) bezeichnet jene rechtlich-gesellschaftspolitische Norm, die sämtliche Verarbeitung und Speicherung personenbezogener oder personenbeziehbarer Daten grundsätzlich vor Missbrauch schützen soll. Das eigentliche Schutzobjekt sind hierbei nur mittelbar die nur persönlichen Daten, sondern vielmehr unmittelbar die Persönlichkeitsrechte jeder natürlichen Person als Individuum.

- Oftmals mit dem Begriff „Datenschutz" verwechselt, bezeichnet „**Datensicherheit**" die Integrität, Vertraulichkeit wie auch die Verfügbarkeit von Daten gemeinsam, d.h. allgemein, der Schutz von Daten vor Verlust, Zerstörung oder Verfälschung, auch gelegentlich als „IT-Grundschutz" bezeichnet.

[5] Die Broschüre „Ärztliche Schweigepflicht, Datenschutz in der Arztpraxis, Sicherheit der Praxis-EDV" kann auch eingesehen werden im Internet unter http://www.kvb.de -> „Informationen für die Praxis" -> „Datenschutz in der Praxis" (zuletzt geprüft 17.09.2000).

- Mit dem Begriff „**personenbezogene Daten**“ werden alle Einzelangaben einer natürlichen Person (sog. „betroffene Person“) bezeichnet, die diese als Individuum charakterisieren oder beschreiben. „Als bestimmbar wird eine Person angesehen, die direkt oder auch indirekt identifiziert werden kann, insbesondere durch Zuordnung zu einer Kennnummer oder zu einem oder mehreren spezifischen Elementen, die Ausdruck ihrer physischen, physiologischen, psychischen, wirtschaftlichen, kulturellen oder sozialen Identität sind“ (Artikel 2 der Richtlinie des europäischen Parlaments und des Rates zum Schutz natürlicher Personen und bei der Verarbeitung personenbezogener Daten und zum freien Datenverkehr).
  - In einer Abwandlung davon werden gemäß Sozialgesetzbuch X jene personenbezogenen Daten einschränkend als „**Sozialdaten**“ bezeichnet, die von einer im Gesetz[6] genannten Stelle im Hinblick auf ihre gesetzlichen Aufgaben erhoben, verarbeitet oder genutzt werden (§ 67 Ziffer 1 Sozialgesetzbuch X), und für die somit eine eingeschränkte Verfügungsgewalt des Betroffenen gilt.
  - Auch wenn die Übergänge fließend sind, hat sich neben der Bezeichnung personenbezogenen Daten der Begriff der „**personenbeziehbare Daten**“ herausgebildet für jene Einzelangaben einer natürlichen Person, die diese erst im Kontext mit anderen Daten indirekt identifizieren. Für die Beurteilung ist dabei immer der Zielkontext der Daten wichtig, da Informationsinhalte, die in einem Kontext als anonym zu bezeichnen sind, in einem anderen, i.d.R. einschränkenden Kontext, personenbeziehbar sein können[7].
- Mit dem Begriff „**Anonymisierung**“ wird das derartige Verändern von personenbezogenen Daten bezeichnet, dass die Einzelangaben über persönliche oder sachliche Verhältnisse nicht mehr oder nur mit einem unverhältnismäßig großen Aufwand an Zeit, Kosten und Arbeitskraft einer bestimmten oder bestimmbaren natürlichen Person zugeordnet werden können (nach § 3 Ziffer 7 Bundesdatenschutzgesetz, § 76 Ziffer 8 Sozialgesetzbuch X oder Artikel 4 Ziffer 8 Bayerisches Datenschutzgesetz).

---

[6] Konkret im Sozialgesetzbuch I, § 35

[7] So ist z.B. die Angabe „geschiedene Frau mit acht Kindern“ in einer Großstadt als anonymisiert anzusehen, während die gleiche Information im Kontext eines kleinen Dorfes leicht auf eine bestimmte natürliche Person bezogen werden kann.

- Es gibt Situationen, in denen jeweils an sich anonyme Informationen aus unterschiedlichen Quellen oder von unterschiedlichen Zeitpunkten zu einem Individuum zusammengeführt werden sollen, ohne dass Rückschlüsse auf die bezeichnete Person möglich werden dürfen. Mit „**Pseudonymisierung**" wird das derartige Verändern von personenbezogenen Daten bezeichnet, dass die unterschiedlichen Einzelangaben zu einer natürlichen Person zwar einander zugeordnet werden können, z.B. mittels Kennziffer oder Einweg-Verschlüsselung, aber dabei persönliche oder sachliche Verhältnisse ohne Kenntnis oder Nutzung der Zuordnungsvorschrift nicht mehr oder nur mit einem unverhältnismäßig großen Aufwand an Zeit, Kosten und Arbeitskraft der bestimmten oder bestimmbaren natürlichen Person selbst zugeordnet werden können.

- Mit dem Begriff „**Herr seiner Daten**" wird der Inhaber von Persönlichkeitsrechten an bestimmten personen-bezogenen oder personenbeziehbaren Informationen bezeichnet, zur Betonung der nur diesem zustehenden Verfügungsgewalt über deren Speicherung, Verarbeitung und/oder Übermittlung.

- Die „**Einwilligung**" bezeichnet die informierte und freiwillige Aussage eines Betroffenen als Herr seiner Daten über die Zulässigkeit einer bestimmten Speicherung, Verarbeitung oder Übermittlung durch eine genau bezeichnete Person oder Stelle mit einer konkreten Bezeichnung des Verwendungszwecks (Zweckbindung), sofern diese über gesetzliche Vorschriften hinausgeht.

  Vereinfachend kann festgehalten werden, eine rechtlich wirksame Einwilligung benennt immer: a) **Wer**, b) darf **was**, c) **zu welchem Zweck** speichern oder verarbeiten.

- Der Begriff „**speichernde Stelle**" bezeichnet jene juristische Person, die in eigener Verantwortung personenbezogene Daten für sich selbst speichert oder durch andere im Auftrag speichern lässt (nach § 3 Ziffer 8 Bundesdatenschutzgesetz, § 76 Ziffer 9 Sozialgesetzbuch X, oder Artikel 4 Ziffer 9 Bayerisches Datenschutzgesetz) und somit die Verantwortung für deren rechtmäßige Nutzung trägt. Insofern handelt es sich bei einer sog. „Gemeinschaftspraxis" wie sie bei niedergelassenen Ärzten häufig ist, um eine, bei einer Praxisgemeinschaft hingegen um mehrere speichernde Stellen.

Während diese Verantwortung sicher nicht delegiert werden kann, ist die Möglichkeit der Speicherung durch andere im Auftrag (in Analogie zur zulässigen Datenverarbeitung durch Dritte) gerade bei Gesundheitsdaten noch vielfach umstritten, da neben dem Datenschutz auch andere Rechtsnormen berührt werden, z.B. das Zeugnisverweigerungsrecht.

- Mit „**Authentizität**“ wird die Beweisbarkeit bezeichnet, dass eine natürliche oder juristische Person auch wirklich diejenige ist, die sie vorgibt zu sein (ISO 7498-2) [Beolchi 1999:11]. Deren Verifikation (Überprüfung der Richtigkeit) bezieht sich dabei auf die Identität von Nutzern von Rechnersystemen, Urhebern von Informationen, Organisationen oder Systemen [Kaufmann 1995:333].
- Die „**Integrität**“ von Daten bezeichnet, dass diese durch keine unbefugte Person verändert wurden [Kaufmann 1995:333] und daher für den bei der Erstellung beabsichtigten Zweck verwendet werden können [Beolchi 1999:84].
- „**Vertraulichkeit**“ bedeutet, dass keine unbefugte Person Kenntnis von einer gespeicherten oder übermittelten Information erhalten kann [Kaufmann 1995:333]. Im weitesten Sinne gilt dies auch dafür, dass nicht einmal Kenntnis über die Tatsache der Übermittlung, Speicherung oder Verarbeitung erlangt werden kann.
- Mit dem Begriff „**Nicht-Abstreitbarkeit**“ wird zum einen die Tatsache bezeichnet, dass ein Empfänger jedem Dritten beweisen kann, dass ein bestimmter Absender eine bestimmte Information versandt hat und zum anderen, dass ein Sender jedem Dritten beweisen kann, dass ein bestimmter Empfänger eine bestimmte Information erhalten hat. In diesem Sinne, muss immer zwischen „Nicht-Abstreitbarkeit des Versands“ und „Nicht-Abstreitbarkeit des Erhalts“ unterschieden werden [Kaufmann 1995:342].
- Der Grundsatz der „**Zweckbindung**“ hält fest, dass bestimmte personenbezogene Daten nur zu dem Zweck zu bearbeiten sind, der bei der Beschaffung vorgesehen oder nach den Umständen ersichtlich war [Baeriswyl 2000:7]. Deren Bezeichnung ist somit Bestandteil einer wirksamen Einwilligung (s.o.). Nach dem Grundsatz der rechtmäßigen Beschaffung liegt ein Rechtfertigungsgrund für die Datenverarbeitung vor, wenn sie beispielsweise in unmittelbarem Zusammenhang mit dem Abschluss eines Vertrages (z.B. einem Behandlungsvertrag) erfolgt.

- Mit „**verschlüsseln**" (als Synonym zu „chiffrieren" bzw. „kryptieren")[8] bezeichnet man den Vorgang wie aus einem Klartext (z.B. einer lesbaren oder verständlichen Nachricht) mittels einer Vorschrift (einem sog. „Algorithmus"), unter Verwendung eines Schlüssels ein Geheimtext (Chiffretext) herzustellen ist [Goetz 1999a:6].

- Mit „**entschlüsseln**" (als Synonym zu „dechiffrieren" bzw. „dekryptieren")[9] bezeichnet man den Vorgang, wie aus einem Geheimtext (Chiffretext) mittels einer Vorschrift (einem sog. „Algorithmus"), unter Verwendung eines Schlüssels ein Klartext (z.B. eine lesbare oder verständliche Nachricht) herzustellen ist [Goetz 1999a:7].

- Eine „**digitale Unterschrift**" bzw. „**digitale Signatur**" im Sinne des „Signaturgesetzes" (**SigG**), ist ein mit einem privaten Signaturschlüssel erzeugtes Siegel zu digitalen Daten. Es lässt mit Hilfe eines zugehörigen öffentlichen Schlüssels, der mit einem Signaturschlüssel-Zertifikat einer Zertifizierungsstelle oder der Regulierungsbehörde versehen ist, den Inhaber des Signaturschlüssels und die Unverfälschtheit der Daten rechtssicher erkennen (§ 2 Absatz 1 SigG).

  Hiervon ist in jedem Fall der Begriff „**elektronische** Unterschrift" (s. „Richtlinie des europäischen Parlaments und des Rates über gemeinschaftliche Rahmenbedingungen für elektronische Signaturen", Abschnitt 4.1.1, Seite 29) abzugrenzen, da dieser auch für andere, deutlich weichere und nicht vom deutschen Signaturgesetz ausdrücklich sanktionierte Verfahren verwendet werden kann, wie z.B. das elektronische Abbild einer manuellen Unterschrift als Bitmap.

- Die Bezeichnung „**Health Professional Card**" (**HPC**) wird verwendet als jener generische Grundbegriff für elektronisch-digital nutzbare Karten im Gesundheitswesen, mittels derer sich die Vertreter einzelner Berufsgruppen in ihrer Rolle im Gesundheitswesen, sowie zu ihrer

---

[8] In diese Reihe fällt jedoch nicht der Begriff „codieren". Eine Codierung folgt in der Regel einer nicht geheimen Vorschrift zur Umsetzung von einer Darstellungsform in eine andere, wie etwa beim Strichcode auf den Waren im Supermarkt oder bei der oft missbräuchlich bezeichneten Diagnosen-"Verschlüsselung" mittels ICD-10, einer klassischen Codierungsmethode.

[9] Mit „entziffern" bezeichnet man hingegen die Gewinnung von Klartext aus dem Geheimtext, ohne in Besitz des Schlüssels zu sein. Eine Entzifferung ist bei „schlechten" Chiffrierverfahren oder bei unsachgemäßer Verwendung von „guten" Chiffrierverfahren möglich.

Person (s. „Authentizität“, Seite 15) ausweisen können. Der Aufbau und Inhalt solcher Ausweise für jeden der einzelnen Akteursgruppen im Gesundheitswesen sollte so aufeinander abgestimmt sein, dass eine gegenseitige Erkennung auch zwischen Berufsgruppen möglich ist.

- Der ebenfalls generische Begriff „**Patient Data Card**“ (**PDC**) bezeichnet elektronisch-digital nutzbare Karten im Gesundheitswesen, die einer natürlichen Person zugeordnet, Teile ihrer Gesundheitsdaten[10] enthalten können oder mittels derer diese Personen sich zu ihrer Person oder als berechtigt für bestimmte Gesundheitsleistungen[11] ausweisen können.
- Mit den Begriffen „**Trusted Third Party**“ bzw. „**Trust Center**“ wird eine in der Regel unabhängige juristische Person bezeichnet, die das gemeinsame Vertrauen mehrerer Kommunikationspartner besitzt und mit seinen Diensten und seiner technischen Infrastruktur (z.B. seinen Zertifikaten gemäß SigG) die Sicherheit und Vertrauenswürdigkeit digitaler Kommunikation sichert [Goetz 1999a:24].
- „**Internet**“ bezeichnet ein weltweites Rechnernetz, gegenwärtig bestehend aus mehr als 30 Millionen Rechnern, die entweder dauerhaft (mittels sog. Standleitung) oder intermittierend (mittels sog. Wählleitung) miteinander verbunden sind. Das Internet besteht somit aus einer Reihe großer internationaler und nationaler Netze sowie zahllosen regionalen und lokalen Netzen. Alle Unternetze des Internets benutzen ein einheitliches Adressierungsschema sowie abgestimmte höherwertige Protokolle auf der Basis des sog. „TCP/IP[12]-Protokolls“ [Beolchi 1999:85].

  Im Internet werden unterschiedliche Dienste, wie z.B. E-Mail, Diskussionsgruppen (Newsgroups), „Internet Relay Chats“ (**IRC**) oder Dateiarchive des „File Transfer Protocols“ (**FTP**) angeboten und ausgetauscht. Seine große Bekanntheit verdankt das Internet jedoch dem Dienst des „World Wide Web“ (**WWW**) mit seinen vielfachen Informationsangeboten.

---

[10] Wie z.B. die KV-Karte Koblenz, die DiabCard, die DentCard oder die AOK VitalCard.

[11] Wie z.B. die deutsche Krankenversichertenkarte.

[12] „Transport Control Protocol / Internet Protocol“ (**TCP/IP**).

Das Internet selbst hat keinen „Besitzer", während einzelne Datenleitungen, die die Internet-Rechner miteinander verbinden, jedoch einzelnen Telekommunikationsfirmen oder Telekommunikationsbehörden gehören, die „freiwillig" miteinander verbunden sind. Die für das Internet geltenden Standards und Verfahren werden nicht von einer zentralen Stelle festgelegt, sondern von technisch versierten Internet-Nutzern in Diskussionen erarbeitet (z.T. formalisiert im sog. „World Wide Web Consortium", **W3C**).

Im Gegensatz zum im allgemeinen Sprachgebrauch inzwischen „landläufigen" Begriff Internet werden nachstehende drei weitere Begriffe oftmals nur ungenügend unterschieden. Dabei muss jedoch festgehalten werden, dass deren technologisch begründete Unterscheidungsmöglichkeit durch entsprechende Neuerungen immer mehr verwaschen wird.

- Als „**Intranet**" wird im Gegensatz zum Internet ein internes, privates Computernetz von Organisationen und Unternehmen auf der Basis der Internet-Protokolle, TCP/IP bezeichnet [Beolchi 1999:86]. Hier werden oftmals die gleichen Programme und/oder Dienste wie im offenen Internet verwendet, obwohl eine direkte Verbindung zum Internet weder Vorbedingung ist noch direkt impliziert wird. Wenn aus einem Intranet eine Verbindung zum Internet aufgebaut wird, so geschieht das oft mit erheblichem Aufwand (z.B. über eine Firewall) damit der interne, vertrauliche Charakter betrieblicher Daten und Informationsflüsse gesichert bleibt.

- Unter einem „**Extranet**" versteht man ein kooperierendes, meist unternehmenseigenes Computernetz, als eine Erweiterung unternehmensinterner Computernetze (Intranet) über öffentlich verfügbare, dauerhaft eingerichtete Zugänge auf der Grundlage der Internet Protokolle, TCP/IP [Beolchi 1999:58]. Dieser dem virtuellen privaten Netzwerk (s. nächste Definition) nahe stehende Begriff wird zur Betonung der Unterschiede einer nach außen „sichtbaren" Netzwerktopographie im Gegensatz zum nach außen (d.h. im Internet) unsichtbaren „Intranet" verwendet.

  Über ein Extranet können so auch externe Nutzer (zum Beispiel Ärzte oder Heimarbeiter einer Praxis) eine (meist beschränkte) Zugriffsmöglichkeit auf Daten oder Dienste des betrieblichen Intranets erlangen. Firewall-Server, Router, digitale Signaturen und Verschlüsselungsverfahren werden dabei genutzt, um die Sicherheit der im Extranet übertragenen Daten zu gewährleisten.

- In einem sog. „**Virtuellen Privaten Netzwerk**“ (VPN) werden die öffentlich zugänglichen Leitungen des Internet in einer Weise genutzt, als wären sie Teil eines privaten Leitungsnetzes. Die zu einem VPN gehörenden Internet-Rechner tauschen ihre Daten untereinander nur in verschlüsselter Form und nur „gerouted“ (d.h. gerichtet) aus, so dass diese Rechner gewissermaßen ein privates Netz innerhalb des öffentlichen Internet bilden.

  Mit Hilfe dieser besonders gesicherten Internet-Leitungen werden zum Beispiel die privaten Telefonnetze eines Unternehmens mit mehreren Standorten bei Bedarf untereinander zu einer Art Extranet verbunden. Anders als bei einer Standleitung fallen im VPN nur dann Kosten an, wenn die öffentlichen Leitungen tatsächlich genutzt werden.

All diese Begriffe werden in diesem Buch mit den vorstehenden Definitionen verwendet. Ausdrücklich wird jedoch darauf hingewiesen, dass sich die beschriebene Technologie in einem raschen Entwicklungsprozess befindet und daher die vorgenannte Begriffsbestimmung auch weiterentwickeln kann.

3.2 Artikulation des Grundverständnisses

Ein ganz neuer Trend zeichnet sich ab aus Amerika, dem Land unbegrenzter und vielfach unbeschränkter Möglichkeiten. Immer weiter vorangetriebene Vernetzung ursprünglich eigenständiger informationstechnischer Einzelsysteme, haben zu einer so tief greifenden Transparenz individueller persönlicher Verhältnisse geführt, dass die Presse [Appleby 2000] inzwischen offen die Sorge anspricht, das Ende jeglicher Privatsphäre wäre der notwendige Preis moderner Kommunikationsmethoden und all ihrer wirtschaftlichen Errungenschaften.

Als Ursache, die nicht nur für Amerika gilt, nennt Ulrich[13] in einer Studie 1999 zwei konvergierende Trends, die die Nutzung informationstechnischer Dienstleistungen, wie z.B. aus dem Internet, begründen, nämlich ein sozialer und ein technologischer:

---

[13] Ulrich O.: „Protection Profile“ - ein industriepolitscher Ansatz zur Förderung des „neuen Datenschutzes“. In: Graue Reihe der Europäischen Akademie zur Erforschung von Folgen wissenschaftlich-technischer Entwicklungen, Bad Neuenahr-Ahrweiler, Band 17, November 1999

- So laden einerseits die neuen digitalen Möglichkeiten zu immer mehr, immer weiter verbreiteter Kommunikation ein und damit werden überall personenbezogene Datenspuren hinterlassen.
- Andererseits laden genau diese Informationen ein zur Speicherung, Analyse, Katalogisierung und Nutzung durch Dritte für fremde Zwecke, so dass absehbar das Verfassungsrecht auf informationelle Selbstbestimmung gefährdet erscheint.

Diese, bereits für „Trivialdaten" sehr konkrete Gefahr, muss umso ernster genommen werden, wenn es um personenbezogene Gesundheitsdaten geht. Dabei wird aber auch deutlich, dass „die derzeitige Mischung aus eng gefassten sektoralen Rechtsvorschriften und freiwilliger Selbstregulierung nicht ausreicht, um bei jeder Übertragung personenbezogener Daten aus der Europäischen Union einen angemessenen Schutz zu gewährleisten" (s. Fußnote [13], dort Seite 11).

Aus Sicht der niedergelassenen Ärzte, wie auch aller anderen Teilnehmer im Gesundheitswesen, steht das Vertrauensverhältnis zum Patienten im Vordergrund. Der Patient will und muss darauf vertrauen können, dass die von ihm preisgegebenen Informationen nicht unkontrolliert durch andere, ihm unbekannte Dritte genutzt oder gar gegen ihn verwandt werden können. Diesem Schutz sind zwei unterschiedliche Rechtskreise gemeinsam verpflichtet, die leider allzu oft miteinander vermischt oder sogar verwechselt werden, nämlich:

a) der allgemeine Datenschutz und

b) die spezielle ärztliche Schweigepflicht.

Die einzelnen Rechtsgrundlagen hierzu werden in einem eigenen Abschnitt nachstehend zusammengestellt. Die am 27. Oktober 1999 von der Bundesärztekammer (**BÄK**) veröffentlichte „Charta der Patientenrechte"[14] bringt im Abschnitt „Das Recht auf Vertraulichkeit" die wesentlichen Schutzanliegen auf den Punkt:

---

[14] Pressestelle der Deutschen Ärzteschaft: Pressekonferenz der Bundesärztekammer „Charta der Patientenrechte", Berlin, 27. Oktober 1999: Internet-Quelle: http://www.bundesaerztkammer.de (zuletzt geprüft: 17.09.2000).

> „Jeder Mensch hat das Recht, dass seine Informationen und Daten – auch über seinen Tod hinaus – der Schweigepflicht unterliegen und von Ärzten, Krankenhäusern und anderen medizinischen Einrichtungen, den staatlichen Organen und den Organen der Sozialversicherung vertraulich behandelt werden.
>
> Vertrauliche Information dürfen grundsätzlich nur mit einer auf freier Willensentscheidung beruhenden Zustimmung des Patienten weitergegeben werden. Der Patient kann den Arzt ermächtigen, Angehörigen oder Seelsorgern oder sonstigen von ihm benannten Personen, wie Rechtsanwälten, Auskunft über seinen Gesundheitszustand oder eine Prognose zu geben. Die ärztliche Schweigepflicht besteht auch gegenüber anderen Ärzten, die nicht an der Behandlung des Patienten beteiligt sind.
>
> Alle Daten, die den Rückschluss auf die Person des Patienten zulassen, müssen geschützt werden. Die Vertraulichkeit der Patientendaten muss durch geeignete technische Maßnahmen der Datensicherung und Datenspeicherung gewährleistet sein."

Es kann aber auch nicht übersehen werden, dass Patient wie auch Arzt gemeinsam ein großes Interesse an einer möglichst gut funktionierenden Telematik im Gesundheitswesen haben, kann diese doch dazu beitragen:

- die Qualität der Versorgung zu sichern und zu verbessern,
- die Patientenbetreuung zwischen den Versorgungssektoren besser abzustimmen,
- die Effizienz und Effektivität des Gesundheitswesens zu steigern und
- verfügbare Ressourcen gezielter zu verteilen [Brenner 1998:3].

Wie ein roter Faden ziehen sich durch die Literatur konkrete Aufzählungen und sonst formulierte Erwartungen an die für alle nützlichen Effekte der Telematik im Gesundheitswesen. Das Gutachten des Sachverständigenrats für die konzertierte Aktion im Gesundheitswesen [van Eimeren, Kurzfassung 1997:35] bringt dies folgendermaßen auf den Punkt:

> „Aus Sicht des medizinischen Versorgungssystems werden im Einsatz der Telematik folgende Chancen gesehen:
>
> - Erreichen einer neuen diagnostischen bzw. therapeutischen Qualität über innovative Systeme, z.B. im Bereich der Bild- und Signalverarbeitung.
> - Verbesserung der professionellen Versorgungsqualität durch schnellere und leichtere Verfügbarkeit medizinischen Wissens (Dokumentation, Telekonsultation, Wissensbanken).

> Dies kann erreicht werden durch Vernetzung regionaler Versorgungseinrichtungen als strukturelle Basis für integrierte Versorgungskonzepte, durch eine verbesserte Rückkoppelung zwischen Forschung und Praxis sowie durch verbesserte und verbessert nutzbare Fortbildung. In weiterer Zukunft werden auch Chancen durch telemedizinisch gesteuerte Eingriffe gesehen.
>
> Diese Chancen werden dann zum Risiko, wenn das so zur Verfügung stehende „Wissen" zweifelhafter Qualität ist oder im Sinne der Leistungsausweitung im Versorgungsnetz medizinisch fehlgenutzt wird."

Obwohl bislang so, z.B. in der „Charta der Patientenrechte" nicht ausdrücklich festgehalten, ist unbestreitbar, dass Betroffene, wie andere Akteure im Gesundheitswesen auch, das Recht haben diese Chancen nutzen zu können. Dafür müssen adäquate, teilweise neue Strukturen geschaffen werden, deren Dreh- und Angelpunkt immer wieder eine zu realisierende Sicherheitsinfrastruktur darstellt. Sicherheitskonzepte müssen somit von all jenen aktiv gestaltet werden, die diese, teilweise gegenläufigen Anliegen ernst nehmen. Dabei ist nachfolgender „Spagat" zu bewältigen:

- Einerseits muss bereits bei der Konzeption von IT-Systemen generell und für jeden einzelnen Prozess untersucht werden, ob überhaupt Daten personenbezogen zur Verfügung stehen müssen und wenn ja, wie diese im Einflussbereich jedes einzelnen Teilnehmers im Gesundheitswesen angemessen bei Erhebung, Verarbeitung, Speicherung und Übermittlung geschützt werden können.
- Andererseits müssen auch bei der Konzeption von IT-Systemen entsprechende Mechanismen vorbereitet bzw. geschaffen werden, damit einmal an einer Stelle erhobene oder erarbeitete Informationen möglichst rasch, fehlerfrei und gesichert den autorisierten Teilnehmern im Gesundheitswesen an anderer Stelle nach Maßgabe der jeweiligen Freigabe zur Verfügung stehen und von diesen zur Bestimmung einer optimalen Therapie genutzt werden können.

Konkret wird hierfür eine „Telematik-Plattform für das Gesundheitswesen" durch das *Forum Info 2000* gefordert mit der Gesamtheit der rechtlichen, organisatorischen und technologischen Komponenten sowie Dienste, die eine offene und - wo notwendig - geschützte und sichere Kommunikation und Kooperation zwischen Nutzern und Anwendungssystemen im Gesundheitswesen ermöglicht [Brenner 1998:4].

4 Bestehende Rechtsgrundlagen, Vorgaben und Richtlinien zur Telematik

Auch wenn Proponenten einer raschen Einführung sämtlicher telematischer Möglichkeiten im Gesundheitswesen manchmal an dieser Tatsache vorbeigehen, basiert die Verarbeitung digitaler personenbezogener Daten und deren elektronische Kommunikation auch hier auf einem überschaubaren und nach wie vor verbindlichen Geflecht bestehender Rechtsgrundlagen und geltender Vorschriften. Die Telematik im Gesundheitswesen findet heute eben nicht in einer rechtsfreien Grauzone statt.

Allen diesen Vorgaben gemeinsam ist der Grundsatz eines vollständigen Verarbeitungs- und Übermittlungsverbots mit einem sog. „Erlaubnisvorbehalt". Konkret bedeutet dies, dass zunächst jede elektronische Speicherung, Verarbeitung und/oder Übermittlung personenbezogener Daten verboten ist, außer eine Rechtsvorschrift schreibt dies verbindlich vor, oder aber der jeweils betroffene „Herr seiner Daten" hat seine Zustimmung zu dieser Speicherung, Verarbeitung und/oder Übermittlung wirksam erklärt.

4.1 Sammlung und Übersicht normativer Regelungen

Relevante Rechtsgrundlagen für dieses Buch kommen aus sehr unterschiedlichen Quellen. Das Gefüge ist teilweise so komplex, dass deren jeweiliger Geltungsrahmen manchmal nur schwer abzugrenzen ist oder konkrete Konsequenzen für Außenstehende nicht direkt erkennbar sind. Zur Verdeutlichung der Zusammenhänge soll hier eine kurze Systematik der angesprochenen Rechtskreise dargestellt werden[15].

Die Rechtsordnung jedes Staates wird gebildet durch die Gesamtheit aller seiner Rechtsnormen. Den höchsten Rang der Bundesgesetze nimmt in Deutschland das „Grundgesetz" (**GG**), also die **Verfassung** ein. Dieses bindet Gesetzgebung, Verwaltung und Rechtsprechung (Art. 1 Abs. III und 20 Abs. III GG). Darunter in der Normhierarchie befinden sich die **Bundesgesetze** und darunter die **Rechtsverordnungen** und die **Satzungen**

---

[15] Text und Systematik dieser Darstellung wurden dankenswerter Weise von RA Andreas Hövelmann des Diagnostischen Zentrums Papenburg beigetragen, welches das dortige Ärztenetz betreut. Informationen zum Ärztenetz Nord-Ems für das CHIN-Niedersachsen finden sich im Internet unter http://www.mednet.de (zuletzt geprüft 17.09.2000).

der Selbstverwaltungsträger[16]. Das **Gewohnheitsrecht** schließlich spielt derzeit kaum noch eine Rolle, wohl jedoch durch Rechtsprechung und Lehre gebildete und anerkannte Rechtsinstitute und Rechtsfortbildungen, die nicht kodifiziert sind.

Das Recht der Bundesrepublik Deutschland wird herkömmlich gegliedert in Zivilrecht und Öffentliches Recht.

- Zum **Zivilrecht** gehören das „Bürgerliche Gesetzbuch" (**BGB**) und seine Nebengesetze, das Handels-, Gesellschafts-, Wertpapier und Wettbewerbsrecht und der gewerbliche Rechtsschutz. Dazu gehört auch das Privatversicherungsrecht im Unterschied zum öffentlichen Sozialversicherungsrecht. Streitigkeiten im Bereich der privaten Krankenversicherung sind somit zivilrechtliche Streitigkeiten und vor den Zivilgerichten zu führen. Gleiches gilt entsprechend für Streitigkeiten im Bereich der privaten Unfallversicherung im Unterschied zur gesetzlichen Unfallversicherung.
- Zum **öffentlichen Recht** zählt zum einen das **Strafrecht**. Dieses besteht im Wesentlichen aus dem Strafgesetzbuch und seinen Nebengesetzen. Zum Strafrecht gehören die Normen, die an eine bestimmte Norm, Strafen wie Freiheitsstrafe, Geldstrafe und/oder Nebenstrafen knüpfen. Zum öffentlichen Recht gehört zum anderen im eigentlichen Sinne das **Verfassungsrecht** und das **Verwaltungsrecht**.

Die Abgrenzung von Verwaltungsrecht und Zivilrecht und die Einordnung von Behördenhandeln als zivilrechtliches oder verwaltungsrechtliches Handeln ist teilweise sehr schwierig. Nach heute herrschender Auffassung liegt eine öffentlich rechtliche Norm vor, wenn der Handlungsverpflichtete aus dieser Norm ein Träger von öffentlich rechtlicher Hoheitsgewalt ist. Die entsprechende Klassifizierung ist jedoch auch mit dieser Definition teilweise nur sehr schwer möglich. Eine entsprechende Abgrenzung ist jedoch im Einzelfalle immer notwendig, da sich danach der Rechtsweg und der Rechtsschutz richtet.

Zum besonderen Verwaltungsrecht gehört auch das Sozialversicherungsrecht des „Sozialgesetzbuches" (**SGB**). Zum Sozialversicherungsrecht gehören nach klassischer Auffassung das Recht der Krankenversicherung, der

[16] Diese werden gefasst von den verschiedenen Kammern der Bundesländer, wie beispielsweise die Ärztekammern. Den Selbstverwaltungsträgern wird im Rahmen der Verwaltung durch den Gesetzgeber ein bestimmter Freiraum gelassen, in dem diese Aufgaben der Verwaltung umsetzen können.

Arbeitslosenversicherung (auf die Versicherungsteile beschränkt), der Rentenversicherung und der Unfall- und Pflegeversicherung. Die Sozialversicherungsgesetze gelten im Grundsatz für alle sozialversicherungspflichtig Beschäftigte. Für die anderen, wie beispielsweise Beamte und/oder Spitzenverdiener gelten sie in der Regel nicht. Für Streitigkeiten in diesem Bereich gibt es besondere Verwaltungsgerichte, nämlich die Sozialgerichte.

Seit geraumer Zeit gibt es Bestrebungen, alle Zweige des Sozialrechts in einem Sozialgesetzbuch zusammenzufassen. Davon sind mehrere Teile bereits fertig gestellt. Es handelt sich dabei um Buch I (Allgemeiner Teil), III (Arbeitslosenversicherung), IV (Allgemeiner Teil für das Sozialversicherungsrecht), V (Krankenversicherung), VI (Rentenversicherung), VII (Gesetzliche Unfallversicherung), VIII (Jugendhilfe) X (Verwaltungsverfahren) und XI (Pflegeversicherung).

Im Rahmen der Globalisierung hat in den letzten Jahren die Geltung über- und zwischenstaatlichen Rechts immer mehr Raum eingenommen und auch hier ist der genannte Geltungsvorrang innerhalb des Normgefüges festzustellen.

Bei zwischenstaatlichen Abkommen erfolgt eine Transformation in aller Regel durch ein entsprechendes Bundesgesetz, das dann im Rang anderen Bundesgesetzen gleichsteht und unmittelbar gilt. Anders ist es bei **Normen der Europäischen Union**. Die maßgeblichen Rechtsquellen sind hier das primäre Gemeinschaftsrecht, Verordnungen und Richtlinien.

- Zum primären **Gemeinschaftsrecht** gehören die Verträge der Mitgliedsstaaten der EU. Diese Verträge binden die Mitgliedsländer, können jedoch auch unmittelbare Rechte und Pflichten von Individuen begründen. Das ist dann der Fall, wenn sie ohne jede weitere Konkretisierung anwendbar und unbedingt sind, in einer Handlungs- oder Unterlassungspflicht für die Mitgliedsstaaten bestehen, die keine weiteren Vollzugsmaßnahmen erfordern und die den Mitgliedsstaaten keinen Ermessensspielraum lassen.

- **Verordnungen** sind in all ihren Teilen verbindlich und gelten unmittelbar in jedem Mitgliedsstaat, ohne dass es eines Transformationsaktes bedarf. Gerichte und Behörden haben die Verordnung unmittelbar anzuwenden.

- Die **Richtlinie** der EU ist für die Mitgliedsstaaten als Normadressaten hinsichtlich des verfolgten Zwecks verbindlich, überlässt es jedoch diesen, die Form und die Mittel auszuwählen, die sie in ihrem Hoheitsgebiet für die Erreichung dieser Zwecke für geeignet ansehen.

Richtlinien besitzen im Unterschied zu den Verordnungen in den Mitgliedsstaaten keine unmittelbare Geltung, das heißt, der einzelne Bürger kann sich grundsätzlich nicht auf die Richtlinie berufen. Die Geltung tritt vielmehr erst durch Umsetzung durch die nationalen Gesetzgeber ein. Anerkannt ist jedoch eine unmittelbare Geltung einer Richtlinie im Ausnahmefall. Voraussetzung dafür ist jedoch, dass die Richtlinie so hinreichend genau formuliert ist, dass daraus unmittelbar ohne Umsetzungsspielraum für den nationalen Gesetzgeber einzelne Rechte abgeleitet werden können. Die zur Zielsetzung in der Richtlinie genannte Frist muss weiterhin abgelaufen sein und die Richtlinie darf für den Bürger keine belastende Wirkung haben.

Es ist festzuhalten, dass sich relevante Rechtsnormen zu telematischen Sicherheitskonzepten für niedergelassene Ärzte auf allen Ebenen der genannten Rechtsordnung finden.

4.1.1 Europäische Union

Seit dem 24. Oktober 1995 ist die „Richtlinie 1995/46/EG des Europäischen Parlaments und des Rates zum Schutz natürlicher Personen bei der Verarbeitung personenbezogener Daten und zum freien Datenverkehr", die sog. „**EG-Datenschutzrichtlinie**" („Richtlinie des europäischen Parlaments und des Rates zum Schutz natürlicher Personen und bei der Verarbeitung personenbezogener Daten und zum freien Datenverkehr" im weiteren abgekürzt als „**EG-RLDS**"), in Kraft. Sie dient der Angleichung der nationalen datenschutzrechtlichen Vorschriften innerhalb der EU und soll Mindeststandards an Datenschutz für alle Mitgliedsländer gewährleisten.

Für eine differenzierte Betrachtung zu telematischen Sicherheitskonzepten im Gesundheitswesen sind folgende Abschnitte von Bedeutung:

Art. 8 EG-RLDS[17]: Die europäische Datenschutzrichtlinie verankert dort ein grundsätzliches Verbot der Verarbeitung von per-

[17] **Abschnitt III Artikel 8 EG-RLDS (Verarbeitung bes. Kategorien personenbezogener Daten)**

(1) Die Mitgliedsstaaten untersagen die Verarbeitung personenbezogener Daten, aus denen die rassische und ethnische Herkunft, politische Meinungen, religiöse oder philosophische Überzeugungen oder die Gewerkschaftszugehörigkeit hervorgehen, sowie von Daten über Gesundheit oder Sexualleben. ... / ...

(3) Absatz 1 gilt nicht, wenn die Verarbeitung der Daten zum Zweck der Gesundheitsvorsorge, der medizinischen Diagnostik, der Gesundheitsversorgung oder . . .

sonenbezogenen Gesundheitsdaten zusammen mit einem Erlaubnisvorbehalt. Dabei wird die zweckgebundene Verarbeitung für das Gesundheitswesen durch ärztliches Personal gestattet, sofern dieses nach einzelstaatlichem Recht dem Berufsgeheimnis unterworfen ist.

Art. 16 EG-RLDS[18]: Die Vertraulichkeit der Verarbeitung von personenbezogenen Daten durch unterstellte Personen, wie auch die Verarbeitung im Auftragsverhältnis wird unterstrichen, durch die strenge Bindung dieser Verarbeitung an die Weisung des für diese Daten Verantwortlichen.

Art. 17 Abs. 1 EG-RLDS[19]: Ferner schreibt die europäische Datenschutzrichtlinie allen Mitgliedsstaaten vor, ihre Bürger auf die

---

Behandlung oder für die Verwaltung von Gesundheitsdiensten erforderlich ist und die Verarbeitung dieser Daten durch ärztliches Personal erfolgt, das nach dem einzelstaatlichen Recht, einschließlich der von den zuständigen einzelstaatlichen Stellen erlassenen Regelungen, dem Berufsgeheimnis unterliegt, oder durch sonstige Personen, die einer entsprechenden Geheimhaltungspflicht unterliegen.

[18] **Abschnitt VIII Artikel 16 EG-RLDS (Vertraulichkeit der Verarbeitung)**

Personen, die dem für die Verarbeitung Verantwortlichen oder dem Auftragsverarbeiter unterstellt sind und Zugang zu personenbezogenen Daten haben, sowie der Auftragsverarbeiter selbst dürfen personenbezogene Daten nur auf Weisung des für die Verarbeitung Verantwortlichen verarbeiten, es sei denn, es bestehen gesetzliche Verpflichtungen.

[19] **Abschnitt VIII Artikel 17 EG-RLDS (Sicherheit der Verarbeitung)**

(1) Die Mitgliedsstaaten sehen vor, dass der für die Verarbeitung Verantwortliche die geeigneten technischen und organisatorischen Maßnahmen durchführen muss, die für den Schutz gegen die zufällige oder unrechtmäßige Zerstörung, den zufälligen Verlust, die unberechtigte Änderung, die unberechtigte Weitergabe oder den unberechtigten Zugang - insbesondere wenn im Rahmen der Verarbeitung Daten in einem Netz übertragen werden - und gegen jede andere Form der unrechtmäßigen Verarbeitung personenbezogener Daten erforderlich sind. Diese Maßnahmen müssen unter Berücksichtigung des Standes der Technik und der bei ihrer Durchführung entstehenden Kosten ein Schutzniveau gewährleisten, das den von der Verarbeitung ausgehenden Risiken und der Art der zu schützenden Daten angemessen ist.

(2) Die Mitgliedsstaaten sehen vor, dass der für die Verarbeitung Verantwortliche im Fall einer Verarbeitung in seinem Auftrag einen Auftragsverarbeiter auszuwählen hat, der hinsichtlich der für die Verarbeitung zu treffenden technischen Sicherheitsmaßnahmen und organisatorischen Vorkehrungen ausreichende Gewähr

...

ordnungsgemäße Datenverarbeitung zu verpflichten, um die Sicherheit der Datenverarbeitung und Datenübermittlung in eine angemessene Sorgfaltspflicht zu stellen. [Schirmer 1998:19]. Konkret werden dabei Regularien vorgeschrieben, die auch Datenverarbeitung im Auftrag oder aufgrund eines Rechtsaktes an die gleichen Pflichten bindet, wie den für die Verarbeitung Verantwortlichen.

Am 7. Dezember 2000 wurde anlässlich des Europäischen Rates in Nizza von den Staats- und Regierungschefs der Mitgliedsstaaten feierlich die Europäische Charta der Grundrechte (**EG-ChGR**) verkündet [N.N. 2001: 30-31]. Inhalte decken sich weitgehend mit den bereits genannten Leitlinien der EG-RLDS und geben dieser nochmals eine abgestimmte Zielrichtung. Die Charta bildet nach Aussage des ehemaligen deutschen Bundespräsidenten Herzog schon jetzt einen „Teil der Verfassung des Europa von Morgen". Es wird erwartet, dass der Europäische Gerichtshof die Charta in seine ständige Rechtsprechung einbeziehen wird.

Art. 8, EG-ChGR[20]: Regelt den Schutz personenbezogener Daten und verankert neben dem Einsichtsrecht des Betroffenen, ein

---

bietet; der für die Verarbeitung Verantwortliche überzeugt sich von der Einhaltung dieser Maßnahmen.

(3) Die Durchführung einer Verarbeitung im Auftrag erfolgt auf der Grundlage eines Vertrags oder Rechtsakts, durch den der Auftragsverarbeiter an den für die Verarbeitung Verantwortlichen gebunden ist und in dem insbesondere folgendes vorgesehen ist:

- der Auftragsverarbeiter handelt nur auf Weisung des für die Verarbeitung Verantwortlichen;
- die in Absatz 1 genannten Verpflichtungen gelten auch für den Auftragsverarbeiter, und zwar nach Maßgabe der Rechtsvorschriften des Mitgliedsstaats, in dem er seinen Sitz hat.

(4) Zum Zwecke der Beweissicherung sind die datenschutzrelevanten Elemente des Vertrags oder Rechtsakts und die Anforderungen in Bezug auf Maßnahmen nach Absatz 1 schriftlich oder in einer anderen Form zu dokumentieren.

[20] **Artikel 8 Charta der Grundrechte der Europäischen Union (Schutz personenbezogener Daten)**

(1) Jede Person hat das Recht auf Schutz der sie betreffenden personenbezogenen Daten.

...

grundsätzliches Verarbeitungsverbot mit Zweckbindung und Erlaubnisvorbehalt, das durch eine unabhängige Stelle zu überwachen ist.

Zum 19. Januar 2000 trat die „Richtlinie 1999/93/EG des Europäischen Parlaments und des Rates vom 13. Dezember 1999 über gemeinschaftliche Rahmenbedingungen für elektronische Signaturen", die sog. „**EG-Richtlinie zur elektronischen Signatur**" („Richtlinie des europäischen Parlaments und des Rates über gemeinschaftliche Rahmenbedingungen für elektronische Signaturen" im weiteren abgekürzt als „**EG-RleS**") in Kraft[21]. Hierdurch soll die Verwendung elektronischer Signaturen und deren Interoperabilität gefördert werden. Eine Kernregel der EG-RleS ist der Grundsatz der Nichtdiskriminierung zwischen elektronischen und handschriftlichen Unterschriften, so dass einer Unterschrift nicht allein deshalb Rechtsgültigkeit abgesprochen werden kann, weil sie in elektronischer Form vorliegt.

Hinsichtlich der Regelungsgegenstände Signatur und Zertifikat trifft Art. 2 EG-RleS Unterscheidungen nach „**elektronischer Signatur**" und „**fortgeschrittener elektronischer Signatur**" zu [Roßnagel 2000:316].

Unter der **elektronischen Signatur** versteht Art. 2 Abs. 1 „Daten in elektronischer Form, die anderen elektronischen Daten beigefügt oder logisch mit diesen verknüpft sind und die zur Authentifizierung dienen". An sie werden **keine** Anforderungen gestellt, auch wenn der Anhang einen Katalog von 12 funktionalen Anforderungen auflistet. Eine Überprüfung dieser Anforderungen ist weder vor noch nach Aufnahme eines Zertifizierungsdienstes vorgesehen und sogar verboten. Die gegenwärtige Richtlinie verfolgt dabei einen „technikneutralen" Ansatz und erlaubt unterschiedliche Technologien und Dienste, die **ohne vorherige** Genehmigung ange-

---

(2) Diese Daten dürfen nur nach Treu und Glauben für festgelegte Zwecke und mit Einwilligung der betroffenen Person oder auf einer sonstigen gesetzlich geregelten legitimen Grundlage verarbeitet werden. Jede Person hat das Recht, Auskunft über die sie betreffenden erhobenen Daten zu erhalten und die Berichtigung der Daten zu erwirken.

(3) Die Einhaltung dieser Vorschriften wird von einer unabhängigen Stelle überwacht.

[21] Wichtige Informationen zum Stand europäischer Bemühungen zur Standardisierung der elektronischen Unterschrift entstammen einem Vortrag von Herrn Dipl.-Math. Klaus J. Keus des Bundesamts für Sicherheit in der Informationstechnik (BSI), der am 17.08.2000 beim Arbeitskreis Sicherheitsinfrastruktur im Gesundheitswesen in Siegburg gehalten wurde.

boten werden dürfen. An deren Verwendung werden so gut wie **keine** Rechtsfolgen geknüpft.

Eine **fortgeschrittene elektronische Signatur** hingegen soll nach Art. 2. Abs. 2 aber der handschriftlichen Unterschrift als rechtlich gleichwertig angesehen werden, wenn sie folgende Voraussetzungen erfüllt:

- sie ist ausschließlich dem Unterzeichner zugewiesen,
- sie ermöglicht eine Identifizierung des Unterzeichners,
- sie wird mit Mitteln erstellt, die der Unterzeichner unter seiner alleinigen Kontrolle halten kann,
- sie ist so mit den Daten, auf die sie sich bezieht, verknüpft, dass eine nachträgliche Veränderung erkannt werden kann.

Für diese können sich Diensteanbieter freiwilligen Akkreditierungssystemen der Mitgliedsstaaten vor Inbetriebnahme anschließen. Diese haben auch einen großen Freiraum, solche Akkreditierungssysteme auszugestalten und an die Akkreditierung weitere Rechtsfolgen zu knüpfen. Die Richtlinie gibt hierfür nur wenige Rahmendaten vor [Roßnagel 2000:319].

Wesentlich ist, dass die EG-RleS eine wirkliche Verpflichtung für alle Mitgliedsstaaten der EU enthält, die dort bezeichnete „qualifizierte elektronische Signatur" der eigenhändigen Unterschrift rechtlich gleichzusetzen. Somit bildet Sie einen Kompromiss aus angelsächsischem Recht (Haftung, alles Weitere regelt der Markt) und zentraleuropäischem Recht (präventive Rechtsetzung). Sie enthält also Elemente aus beiden Rechtssystemen.

Bei der Umsetzung ist festzuhalten, dass im europäischen Kontext, auch unter Berücksichtigung des deutschen SigG, noch einige rechtlich relevante Änderungen der geplanten Infrastruktur für eine rechtssichere Authentifikation erfolgen werden. Die den Mitgliedsstaaten gewährte Frist für eine Umsetzung in nationales Recht beträgt 18 Monate ab Inkrafttreten der Richtlinie [Welsch 2000], d.h. die Vorgaben der EG-RleS sind bis zum 19.07.2001 in nationale Signaturregelungen umzusetzen.

4.1.2 Deutschland

Die in Deutschland gültigen Rechtsnormen, die jede mögliche Speicherung und/oder Verarbeitung von personenbezogenen Patientendaten regeln, sind vielschichtig angelegt und basieren auf unterschiedlichen Quellen.

Art. 2 Abs. 2[22] i.v.m. Art. 1 GG[23]: Bereits 1972 vom Bundesverfassungsgericht höchstrichterlich bestätigt sind Patientenkarteien der Privatsphäre eines Menschen zugeordnet und als Bestandteil des allgemeinen Persönlichkeitsrechts verfassungsrechtlich geschützt [Wehrmann 1997:755]. Nachdem im sog. „Volkszählungsurteil" von 1983 das Bundesverfassungsgericht aus dem allgemeinen Persönlichkeitsrecht das Recht auf informationelle Selbstbestimmung[24] abgeleitet hat, ist davon auszugehen, dass gerade Gesundheitsdaten diesem Recht auf informationelle Selbstbestimmung unterliegen.

Für niedergelassene Ärzte[25] als sog. „nicht öffentliche Stellen" gilt in sämtlichen Phasen der Datenverarbeitung das „Bundesdatenschutzgesetz" (**BDSG**)[26]. Dieses regelt die verschiedenen Phasen der Datenverarbeitung,

---

[22] **Artikel 2 Absatz 2 Grundgesetz**

(2) Jeder hat das Recht auf Leben und körperliche Unversehrtheit. Die Freiheit der Person ist unverletzlich. In diese Rechte darf nur auf Grund eines Gesetzes eingegriffen werden.

[23] **Artikel 1 Grundgesetz (Die Grundrechte)**

(1) Die Würde des Menschen ist unantastbar. Sie zu achten und zu schützen ist Verpflichtung aller staatlichen Gewalt.

(2) Das Deutsche Volk bekennt sich darum zu unverletzlichen und unveräußerlichen Menschenrechten als Grundlage jeder menschlichen Gemeinschaft, des Friedens und der Gerechtigkeit in der Welt.

(3) Die nachfolgenden Grundrechte binden Gesetzgebung, vollziehende Gewalt und Rechtsprechung als unmittelbar geltendes Recht.

[24] Nach der Definition des Gerichts umfaßt dieses die Befugnis des einzelnen „grundsätzlich selbst zu bestimmen, wann und innerhalb welcher Grenzen persönliche Lebenssachverhalte offenbart werden".

[25] Für die Verarbeitung von Patientendaten durch Krankenhäuser hingegen gelten in Bund und Länder unterschiedliche Rechtsvorschriften. In den einzelnen Ländern liegen die bereichspezifischen Regelungen in speziellen Landeskrankenhausgesetzen bzw. Gesundheitsdatenschutzgesetzen vor [Wehrmann 1997:755].

[26] **§ 1 BDSG (Zweck und Anwendungsbereich des Gesetzes)**

(1) Zweck dieses Gesetzes ist es, den einzelnen davor zu schützen, dass er durch den Umgang mit seinen personenbezogenen Daten in seinem Persönlichkeitsrecht beeinträchtigt wird.

(2) Dieses Gesetz gilt für die Erhebung, Verarbeitung und Nutzung personenbezogener Daten durch

. . .

wie das Speichern, Verändern, Übermitteln, Sperren, Löschen und Nutzen. Dabei stellt das BDSG auch Anforderungen an die Datensicherheit. Es ist hervorzuheben, dass im Bereich der Arztpraxis das BDSG nur Daten in oder aus Dateien erfasst und nicht andere Patientenunterlagen, z.B. Akten.

Wesentlicher Eckpunkt des BDSG ist auch wieder das umfassende und grundsätzliche Verarbeitungsverbot für alle personenbezogenen Daten[27], jedoch mit einem Erlaubnisvorbehalt, d.h. das Verbot gilt nicht, wenn eine Rechtsvorschrift die Verarbeitung anordnet oder der Betroffene zweckgebunden (s. § 4 Abs.2 BDSG) eingewilligt hat.

Die Datenübermittlung an Stellen außerhalb des Geltungsbereichs des Bundesdatenschutzgesetzes ist in § 17 BDSG geregelt, in der Weise, dass eine solche Übermittlung nur in Länder mit gleichwertigem Datenschutzniveau gestattet wird, da sonst das schutzwürdige Interesse des Betroffenen am Unterbleiben der Übermittlung überwiegt.

Dies bezieht sich jedoch nur auf die Datenübermittlung öffentlicher Stellen ins Ausland. Bislang enthält das BDSG keinerlei Vorschriften über die Zulässigkeit der Datenübermittlung aus dem nichtöffentlichen Bereich in das Ausland. Der gegenwärtig vorliegende Entwurf aus 1999 zur Novellierung des BDSG, dehnt den genannten Schutz auch auf nichtöffentliche Stellen aus.

---

1. öffentliche Stellen des Bundes,

2. öffentliche Stellen der Länder, soweit der Datenschutz nicht durch Landesgesetz geregelt ist und soweit sie a) Bundesrecht ausführen oder b) als Organe der Rechtspflege tätig werden und es sich nicht um Verwaltungsangelegenheiten handelt,

3. nicht-öffentliche Stellen, soweit sie die Daten in oder aus Dateien geschäftsmäßig oder für berufliche oder gewerbliche Zwecke verarbeiten oder nutzen.

[27] **§ 4 BDSG (Zulässigkeit der Datenverarbeitung und -nutzung)**

(1) Die Verarbeitung personenbezogener Daten und deren Nutzung sind nur zulässig, wenn dieses Gesetz oder eine andere Rechtsvorschrift sie erlaubt oder anordnet oder soweit der Betroffene eingewilligt hat.

(2) Wird die Einwilligung bei dem Betroffenen eingeholt, ist er auf den Zweck der Speicherung und einer vorgesehenen Übermittlung sowie auf Verlangen auf die Folgen der Verweigerung der Einwilligung hinzuweisen. Die Einwilligung bedarf der Schriftform, soweit nicht wegen besonderer Umstände eine andere Form angemessen ist. Soll die Einwilligung zusammen mit anderen Erklärungen schriftlich erteilt werden, ist die Einwilligungserklärung im äußeren Erscheinungsbild der Erklärung hervorzuheben.

So genannte „bereichsspezifische Regelungen" für einzelne Bereiche der ärztlichen Tätigkeit gehen dem BDSG vor (z.B. Sozialgesetzbuch V, X und XI oder das Bundesseuchengesetz oder das Gesetz zur Bekämpfung von Geschlechtskrankheiten). Unter anderem finden sich in diesen genannten Gesetzen vielfache Rechtsvorschriften, die bestimmte Übermittlungsinhalte oder Kommunikationsformen für niedergelassene Ärzte ausdrücklich und verbindlich vorschreiben (s. nachstehende Abschnitte). Hier ist weder die Einwilligung des Betroffenen nötig noch kann dieser eine solche Übermittlung wirksam untersagen.

Im Sinne der Ableitung telematischer Sicherheitskonzepte im Gesundheitswesen sind folgende Bestimmungen des BDSG von besonderer Bedeutung:

> **§ 3 Abs. 1 BDSG**[28]: Ein eigener Paragraph, der gesamte § 3, ist der Begriffsbestimmung gewidmet. Dabei wird der Begriff der „personenbezogenen Daten" auf die Einzelangaben einer bestimmten oder bestimmbaren natürlichen Person fokussiert, der hier auch als „Betroffener" bezeichnet wird.
>
> **§ 3 Abs. 5 BDSG**[29]: Wegen des Gewichts des Verarbeitungsbegriffs in weiteren Rechtsnormen werden in einem eigenen Absatz die mit „Verarbeitung" bezeichneten Verfahren einzeln aufgeführt.

---

[28] **§ 3 Absatz 1 BDSG (Weitere Begriffsbestimmungen)**

(1) Personenbezogene Daten sind Einzelangaben über persönliche oder sachliche Verhältnisse einer bestimmten oder bestimmbaren natürlichen Person (Betroffener).

[29] **§ 3 Absatz 5 BDSG (Weitere Begriffsbestimmungen)**

(5) Verarbeiten ist das Speichern, Verändern, Übermitteln, Sperren und Löschen personenbezogener Daten. Im Einzelnen ist, ungeachtet der dabei angewendeten Verfahren:

1. Speichern das Erfassen, Aufnehmen oder Aufbewahren personenbezogener Daten auf einem Datenträger zum Zwecke ihrer weiteren Verarbeitung oder Nutzung,

2. Verändern das inhaltliche Umgestalten gespeicherter personenbezogener Daten,

3. Übermitteln das Bekanntgeben gespeicherter oder durch Datenverarbeitung gewonnener personenbezogener Daten an einen Dritten (Empfänger) in der Weise, dass a) die Daten durch die speichernde Stelle an den Empfänger weitergegeben werden oder b) der Empfänger von der speichernden Stelle zur Einsicht oder zum Abruf bereitgehaltene Daten einsieht oder abruft,

. . .

§ 4 Abs. 2 BDSG[30]: Die zweckgebundene Zulässigkeit der Datenverarbeitung und Nutzung personenbezogener Daten wird (neben sonst geltenden rechtlichen Vorschriften) in diesem Kernsatz des BDSG an die Einwilligung des Betroffenen gebunden. Diese Einwilligung bedarf dabei der hervorgehobenen Schriftform und darf nur bei „besonderen Umständen“ durch eine mündliche oder stillschweigende Erklärung des Einverständnisses ersetzt werden.

§ 5 BDSG[31]: Allen mit der Datenverarbeitung beschäftigten Personen, z.B. Mitarbeiter einer Praxis, wird die unbefugte Nutzung personenbezogener Daten ausdrücklich untersagt. Solche Personen sind bei Aufnahme ihrer Tätigkeit auf das Datengeheimnis zu verpflichten.

§ 9 BDSG[32]: Hier werden, analog zur Regelung der europäischen Datenschutzrichtlinie, erforderliche technische Maßnahmen für

---

4. Sperren das Kennzeichnen gespeicherter personenbezogener Daten, um ihre weitere Verarbeitung oder Nutzung einzuschränken,
5. Löschen das Unkenntlichmachen gespeicherter personenbezogener Daten.

[30] **§ 4 Absatz 2 BDSG (Zulässigkeit der Datenverarbeitung und -nutzung)**

(2) Wird die Einwilligung bei dem Betroffenen eingeholt, ist er auf den Zweck der Speicherung und einer vorgesehenen Übermittlung sowie auf Verlangen auf die Folgen der Verweigerung der Einwilligung hinzuweisen. Die Einwilligung bedarf der Schriftform, soweit nicht wegen besonderer Umstände eine andere Form angemessen ist. Soll die Einwilligung zusammen mit anderen Erklärungen schriftlich erteilt werden, ist die Einwilligungserklärung im äußeren Erscheinungsbild der Erklärung hervorzuheben.

[31] **§ 5 BDSG (Datengeheimnis)**

Den bei der Datenverarbeitung beschäftigten Personen ist untersagt, personenbezogene Daten unbefugt zu verarbeiten oder zu nutzen (Datengeheimnis). Diese Personen sind, soweit sie bei nicht-öffentlichen Stellen beschäftigt werden, bei der Aufnahme ihrer Tätigkeit auf das Datengeheimnis zu verpflichten. Das Datengeheimnis besteht auch nach Beendigung ihrer Tätigkeit fort.

[32] **§ 9 BDSG (Technische und organisatorische Maßnahmen)**

Öffentliche und nicht-öffentliche Stellen, die selbst oder im Auftrag personenbezogene Daten verarbeiten, haben die technischen und organisatorischen Maßnahmen zu treffen, die erforderlich sind, um die Ausführung der Vorschriften dieses Gesetzes, insbesondere die in der Anlage zu diesem Gesetz genannten Anforderungen, . . .

die Verarbeitung personenbezogener Daten vorgeschrieben, die deren Sicherheit gewährleisten.

Es wird immer wieder von Proponenten festgestellt, dass entsprechende, gesetzlich geregelte, allgemein geltende Schutzvorschriften, wie das Stillschweigen über persönliche Verhältnisse in Einzelvereinbarungen mit Betroffenen abbedungen werden könnten. Während eine solche Vereinbarung zwar grundsätzlich getroffen werden kann, muss sie doch besonders hervorgehoben und in ihren Konsequenzen dem Betroffenen erläutert werden, da eine solche Vereinbarung gemäß dem „Gesetz zur Regelung des Rechts der allgemeinen Geschäftsbedingungen" (**AGBG**) ansonsten unwirksam wäre.

§ 3 AGBG[33]: Jede (auch eine schriftliche) Schweigepflichtsentbindung muss auch aus Sicht des Gesetzes zur Regelung des Rechts der Allgemeinen Geschäftsbedingungen (AGB-Gesetz) beurteilt werden, insbesondere ob sie Erwartungen von Betroffenen oder Patienten zuwiderläuft, da das AGBG „überraschende" Klauseln als unwirksam bezeichnet. In solchen Vereinbarungen kann die vom Patienten unterstellte Sorgfaltspflicht verletzt und damit die Entbindung unwirksam werden.

Das Stillschweigen von Ärzten und damit auch ärztlicher Mitarbeiter über persönliche Verhältnisse ihrer Patienten findet sich auch als gesichertes Rechtsgut in weiteren Gesetzen, wie dem „Strafgesetzbuch" (**StGB**), die darüber hinaus entsprechende Verletzungen unter Strafe stellen.

§ 203 Abs. 1 StGB[34]: Jeder Arzt oder Angehörige eines anderen Heilberufs unterliegt einer Schweigepflicht zur Wahrung des Berufsgeheim-

---

zu gewährleisten. Erforderlich sind Maßnahmen nur, wenn ihr Aufwand in einem angemessenen Verhältnis zu dem angestrebten Schutzzweck steht.

[33] **§ 3 AGBG**

Bestimmungen in Allgemeinen Geschäftsbedingungen, die nach den Umständen, insbesondere nach dem äußeren Erscheinungsbild des Vertrags, so ungewöhnlich sind, dass der Vertragspartner des Verwenders mit ihnen nicht zu rechnen braucht, werden nicht Vertragsbestandteil.

[34] **§ 203 StGB (Verletzung von Privatgeheimnissen)**

(1) Wer unbefugt ein fremdes Geheimnis, namentlich ein zum persönlichen Lebensbereich gehörendes Geheimnis oder ein Betriebs- oder Geschäftsgeheimnis offenbart, das ihm als

. . .

nisses. Eine entsprechende Verletzung wird unter Strafe gestellt [Wehrmann 1997:755].

Aus dieser strafgesetzlichen Regelung leiten weitere Rechtsnormen, wie die „Strafprozessordnung“ (**StPO**) wieder weiterführende Konsequenzen ab.

§ 53 Abs. 1 Ziff. 3 StPO[35]: Als Konsequenz der strafrechtlich geschützten Schweigepflicht des Arztes hat dieser vor Gericht ein Zeugnisverweigerungsrecht hinsichtlich der Umstände, die unter die ärztliche Schweigepflicht fallen, bzw. in den Fällen, in denen sein Patient wegen des Verdachts einer Straftat verfolgt wird.

§ 53 Abs. 2 StPO[36]: Ein Zeugnisverweigerungsrecht des Arztes besteht nicht, wenn er von der Pflicht zur Verschwiegenheit entbunden wurde.

§ 97 Abs. 1 Ziff. 3 i.V.m. § 97 Abs. 2 StPO[37]: An das aus der ärztlichen Schweigepflicht abgeleitete Zeugnisverweigerungsrecht hat der Ge-

---

1. Arzt, Zahnarzt, Tierarzt, Apotheker oder Angehörigen eines anderen Heilberufs, der für die Berufsausübung oder Führung der Berufsbezeichnung eine staatlich geregelte Ausbildung erfordert,

... / ... anvertraut worden oder sonst bekanntgeworden ist, wird mit Freiheitsstrafe bis zu einem Jahr oder mit Geldbuße bestraft.

[35] **§ 53 Absatz 1 Ziffer 3 StPO (Zeugnisverweigerungsrecht aus beruflichen Gründen)**

Zur Verweigerung des Zeugnisses sind ferner berechtigt ... / ...

3. Rechtsanwälte, Patenanwälte, Notare, Wirtschaftsprüfer, vereidigte Buchprüfer, Steuerberater und Steuerbevollmächtigte, Ärzte, Zahnärzte, Apotheker und Hebammen über das, was ihnen in dieser Eigenschaft anvertraut worden oder bekanntgeworden ist;

[36] **§ 53 Absatz 2 StPO (Zeugnisverweigerungsrecht aus beruflichen Gründen)**

(2) Die in Absatz 1 Nr. 2 bis 3a Genannten dürfen das Zeugnis nicht verweigern, wenn sie von der Verpflichtung zur Verschwiegenheit entbunden sind.

[37] **§ 97 Absatz 2 StPO (Der Beschlagnahme nicht unterliegende Gegenstände)**

(1) Der Beschlagnahme unterliegen nicht:

1. schriftliche Mitteilungen zwischen dem Beschuldigten und den Personen, die nach § 52 oder § 53 Abs. 1 Nr. 1 bis 3b das Zeugnis verweigern dürfen;

2. Aufzeichnungen, welche die in § 53 Abs. 1 Nr. 1 bis 3b Genannten über die ihnen vom Beschuldigten anvertrauten Mitteilungen oder über andere Umstände gemacht haben, auf die sich das Zeugnisverweigerungsrecht erstreckt;

. . .

setzgeber ein Beschlagnahmeverbot wiederum als Konsequenz geknüpft. Konkret bedeutet dies, dass die Krankenakten eines Patienten bei Ermittlungen gegen ihn nicht beschlagnahmt werden dürfen, solange sie im Gewahrsam des Arztes sind [Menzel 1999:72].

Aus dieser allgemeinen Schweigepflicht, leitet der Gesetzgeber in der „Zivilprozessordnung" (**ZPO**) dann auch konsequent die entsprechenden Vorschriften für den prozessualen Umgang vor Gericht ab.

§ 383 Abs. 1 Ziff. 6 ZPO[38]: Parallel zu § 53 wird das Zeugnisverweigerungsrecht hinsichtlich der Umstände, die unter die ärztliche Schweigepflicht fallen nochmals in der Zivilprozessordnung bekräftigt.

§ 385 Abs. 2 ZPO[39]: Dieses Zeugnisverweigerungsrecht gilt jedoch nicht, wenn eine wirksame Entbindung von der Verschwiegenheitspflicht vorliegt.

---

3. andere Gegenstände einschließlich der ärztlichen Untersuchungsbefunde, auf die sich das Zeugnisverweigerungsrecht der in § 53 Abs. 1 Nr. 1 bis 3b Genannten erstreckt.

(2) Diese Beschränkungen gelten nur, wenn die Gegenstände im Gewahrsam der zur Verweigerung des Zeugnisses Berechtigten sind. Der Beschlagnahme unterliegen auch nicht Gegenstände, auf die sich das Zeugnisverweigerungsrecht der Ärzte, Zahnärzte, Apotheker und Hebammen erstreckt, wenn sie im Gewahrsam einer Krankenanstalt sind, sowie Gegenstände, auf die sich das Zeugnisverweigerungsrecht der in § 53 Abs. 1 Nr. 3a und 3b genannten Personen erstreckt, wenn sie im Gewahrsam der in dieser Vorschrift bezeichneten Beratungsstelle sind. Die Beschränkungen der Beschlagnahme gelten nicht, wenn die zur Verweigerung des Zeugnisses Berechtigten einer Teilnahme oder einer Begünstigung, Strafvereitelung oder Hehlerei verdächtig sind oder wenn es sich um Gegenstände handelt, die durch eine Straftat hervorgebracht oder zur Begehung einer Straftat gebraucht oder bestimmt sind oder die aus einer Straftat herrühren.

[38] **§ 383 Absatz 1 Ziffer 6 ZPO**

(1) Zur Verweigerung des Zeugnisses sind berechtigt: ... / ...

6. Personen, denen kraft ihres Amtes, Standes oder Gewerbes Tatsachen anvertraut sind, deren Geheimhaltung durch ihre Natur oder durch gesetzliche Vorschrift geboten ist, in betreff der Tatsachen, auf welche die Verpflichtung zur Verschwiegenheit sich bezieht.

[39] **§ 385 Absatz 2 ZPO**

(2) Die im § 383 Nr. 4, 6 bezeichneten Personen dürfen das Zeugnis nicht verweigern, wenn sie von der Verpflichtung zur Verschwiegenheit entbunden sind.

In Deutschland gelten seit einigen Jahren auch weitere Gesetzesnormen, die konkret die elektronische Verarbeitung digitaler Daten betreffen. Eines der wichtigsten, das Gesetz zur Regelung der Rahmenbedingungen für Informations- und Kommunikationsdienste, das sog. **Informations- und Kommunikationsdienste-Gesetz (IuKDG)** trat als Artikelgesetz[40] erstmals am 1. August 1997 in Kraft[41]. Dieses Gesetz wurde inzwischen nicht zuletzt unter dem Einfluss der bereits genannten **EG-RleS** novelliert. Wegen seiner Bedeutung als weltweit erstes Gesetz zur digitalen Signatur für den gesamten Rechtsraum eines Staates soll dennoch auch das ursprüngliche Konstrukt erläutert werden.

- **Artikel 1** umfasst das „**Teledienstegesetz**" (**TDG**) und regelt einheitliche wirtschaftliche Rahmenbedingungen für das Angebot und die Nutzung von Telediensten. Hierbei ist der freie Zugang zu diesen Diensten grundlegende Bedingung und Ausprägung des deregulierenden Charakters dieses Gesetzes. Tragende Elemente sind außerdem die Schließung von Regelungslücken im Verbraucherschutz sowie die Klarstellung von Verantwortlichkeiten der Diensteanbieter.

  Dabei ist festzuhalten, dass sich dieses Gesetz auf übermittelte Inhalte bezieht, d.h. potenziell im Rahmen der Telematik im Gesundheitswesen sehr wohl Bedeutung hat. Von seinem Fokus her gesehen betrifft es lediglich solche Inhalte, die von einem Anbieter für viele Empfänger, d.h. i.d.R. die Allgemeinheit, im Sinne eines Broadcast-Verfahrens bereitgestellt werden. Weil dieses Übertragungsmodell aber grundsätzlich für die Übermittlung personenbezogener Gesundheitsdaten im Sinne dieses Buches nicht in Frage kommt, muss hier nicht näher auf das TDG eingegangen werden.

- Das „**Teledienstedatenschutzgesetz**" (**TDDSG**) in **Artikel 2** betrifft den bereichsspezifischen Datenschutz. Er gilt für alle neuen Informations- und Kommunikationsdienste und trägt den erweiterten Risiken der Erhebung, Verarbeitung und Nutzung personenbezogener Daten in

[40] Anders als sonst einheitlich strukturierte Gesetze, bestehen alle sogenannten „Artikelgesetze" aus einzelnen Abschnitten (Artikeln), die i.d.R. jeweils unterschiedliche Rechtsgrundlagen eines umfassenden gesetzgeberischen Anliegens regeln.

[41] Mit Ausnahme von Artikel 7 (Änderung des Urheberrechtsgesetzes), das gemäß Artikel 11 IuKDG am 1. Januar 1998 in Kraft trat.

besonderem Maß Rechnung. Der Anwendungsbereich des TDDSG erstreckt sich dabei auf alle elektronischen Informations- und Kommunikationsdienste, die für eine individuelle Nutzung von kombinierbaren Daten bestimmt sind und denen eine Übertragung mittels Telekommunikation zugrunde liegt.

§ 3 Abs. 7 TDDSG[42] (Artikel 2 IuKDG): Interessant in diesem Zusammenhang ist die Tatsache, dass hier der Begriff der „elektronischen Einwilligung" gefasst wird mit den Merkmalen: Eindeutigkeit und bewusste Handlung des Nutzers, keine unerkennbare Veränderung möglich, Urheber kann erkannt werden, Einwilligung wird protokolliert, Inhalt der Einwilligung kann jederzeit durch den Nutzer abgerufen werden.

- Der bekannteste **Artikel 3** regelt mit seinem **Signaturgesetz (SigG-97)** eine Sicherungsinfrastruktur und hat damit die rechtliche Grundlage für ein zuverlässiges Verfahren der digitalen Signaturen geschaffen. Zweck des Gesetzes war die Schaffung von Rahmenbedingungen für digitale Signaturen auf hohem Sicherheitsniveau, die, getragen durch die im Gesetz verankerte „Sicherheitsvermutung", Rechtssicherheit für anstehende technisch-organisatorische Entwicklungen im offenen Rechts- und Geschäftsverkehr ermöglichen sollte, weil digitale Signaturen die Prüfung der Identität des Absenders einer Nachricht und der Authentizität des Dokumentes erlauben. Der Einsatz anderer Verfahren blieb daneben freigestellt. Dadurch sollte ein Beitrag zur Akzeptanz der neuen Informations- und Kommunikationstechnologien im Rechts- und Geschäftsverkehr geleistet werden. Nähere Rahmenbedingungen zur Umsetzung des SigG werden in einer eigenen „Verordnung zur digitalen Signatur" (**SigV**) festgelegt.
- Die weiteren Artikel beinhalten diverse Folgeänderungen. So enthalten **Artikel 4 und 5** Klarstellungen des Schriftenbegriffs im Strafgesetzbuch und im Ordnungswidrigkeitengesetz im Hinblick auf die erweiterten Nutzungs- und Verbreitungsmöglichkeiten von rechtswidrigen Inhalten, während **Artikel 6** den Kernbereich der spezifischen Ju-

[42] **§ 3 Absatz 7 TDDSG (Grundsätze für die Verarbeitung personenbezogener Daten)**

(7) Die Einwilligung kann auch elektronisch erklärt werden, wenn der Diensteanbieter sicherstellt, dass 1. sie nur durch eine eindeutige und bewusste Handlung des Nutzers erfolgen kann, 2. sie nicht unerkennbar verändert werden kann, 3. ihr Urheber erkannt werden kann, 4. die Einwilligung protokolliert wird und 5. der Inhalt der Einwilligung jederzeit vom Nutzer abgerufen werden kann.

gendschutzregelungen betrifft. **Artikel 7** setzt die Richtlinie des Europäischen Parlamentes und des Rates vom 11. März 1996 über den rechtlichen Schutz von Datenbanken durch Änderung des Urheberrechtsgesetzes um und **Artikel 8 und 9** erweitern den Verbraucherschutz im Preisangabengesetz und in der Preisangabenverordnung auf die neuen Nutzungsmöglichkeiten durch die Informations- und Kommunikationsdienste.

Wegen der Bedeutung der ersten Fassung des **Signaturgesetzes** (SigG-97, Artikel 3 des IuKDG) für Sicherheitsinfrastrukturen sollen dessen funktionell bedeutsame Inhalte hier kurz erläutert werden.

Das SigG-97 beschränkte sich in seinem ersten Ansatz auf die Formulierung eines gewerberechtsähnlichen Zulassungs- und Überwachungsverfahrens für die bei Einsatz und Nutzung digitaler Signaturen erforderliche Infrastruktur und die Beschreibung der Anforderungen an die erforderlichen technischen Komponenten. Bestimmte technische Verfahren waren nicht vorgeschrieben; digitale Signaturverfahren außerhalb des Gesetzes waren erlaubt. Die faktische Sicherheit digitaler Signaturen, für die eine sog. „Sicherheitsvermutung" nach §1 Abs. 1 SigG-97 gilt, wurde durch fünf ineinander greifende Sicherheitsbausteine gewährleistet [Roßnagel 2000:314]:

a) Geprüfte Zertifizierungsstellen,
b) Einbindung in eine einfache und klare Zertifizierungsstruktur,
c) Angebot aller erforderlichen Sicherheitsdienstleistungen,
d) Verwendung nur von geprüften technischen Komponenten,
e) Überwachung mittels einer Kontrollinfrastruktur.

Die Erteilung von Genehmigungen, die Ausstellung von Zertifikaten, die zum Signieren von anderen, nachgeordneten Zertifikaten eingesetzt werden und die Überwachung der Einhaltung des Gesetzes wurde im SigG-97 einer Behörde, der „Regulierungsbehörde für Telekommunikation und Post" (**RegTP**), zugeordnet. Damit mussten sich alle Zertifizierungsstellen bzw. Trust Center **vor** Aufnahme ihres Betriebs, durch diese Behörde genehmigen lassen. Effektiv war damit gleichzeitig eine maximal zweistufige Hierarchie verankert (Abb. 2).

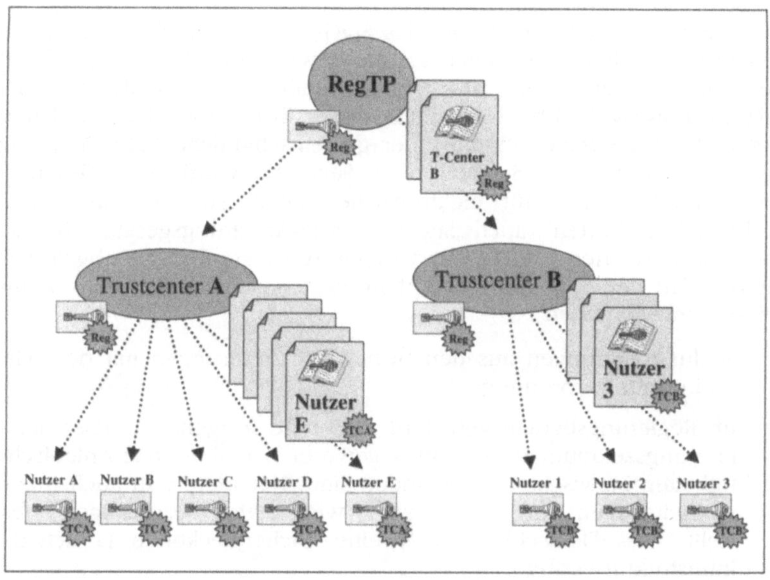

Abbildung 2: Vertrauensebenen SigG-konformer, akkreditierter Trust Center

Speziell geregelt war die Vergabe von sicheren, unverfälschbaren Zertifikaten, die eine beantragende Person zuverlässig identifizieren mussten. Dabei konnte ein Antragsteller aber auch ein Pseudonym beantragen. In diesem Zusammenhang musste der Antragsteller über alle notwendigen Maßnahmen für den Einsatz und die Überprüfung von digitalen Signaturen unterrichtet werden. Zur Herstellung einer Vertrauensbasis war der Minimalinhalt von Zertifikaten im SigG-97 geregelt, wobei weitere Angaben, wie z.B. berufsrechtliche Zulassungen, auf Antrag des Ausstellers ausdrücklich erlaubt waren.

Hieran schlossen sich Regelungen zur Sperrung von Zertifikaten an, d.h. zur Kennzeichnung von deren Ungültigkeit. Ferner musste eine Zertifizierungsstelle auf Verlangen Daten mit einem unverfälschbaren, elektronischen Zeitstempel versehen können. Alle diese Funktionen mussten so dokumentiert werden, dass sie „jederzeit" nachprüfbar sind, wobei für die Einstellung der Tätigkeit einer Zertifizierungsstelle eine Vertreterrolle vorgeschrieben war, die ggf. die zuständige Behörde RegTP übernehmen sollte.

In Erkenntnis der Vorreiterrolle des SigG-97 war sich der deutsche Bundestag dessen Experimentiercharakters bewusst und beauftragte die Bundesregierung, das Gesetz spätestens zwei Jahre nach Inkrafttreten zu evaluieren [Roßnagel 1999]. Nach Ende dieser Evaluationsphase und Inkrafttreten der EG-Signaturrichtline über gemeinschaftliche Rahmenbedingungen für elektronische Signaturen (s. Seite 29) wurde ein „Gesetz über Rahmenbedingungen für elektronische Signaturen und zur Änderung weiterer Vorschriften", auch „Signaturgesetz-Änderungsgesetz" (**SigG-2000**) genannt, entworfen, welches inzwischen das erste SigG-97 abgelöst hat[43]. Hierin wird der Anpassungsbedarf in zwei unterschiedlichen Handlungsfeldern angesprochen[44]:

- Schlussfolgerungen aus den bisherigen Erfahrungen mit dem Gesetz und seiner Verordnung:

  Im Regierungsbericht vom Juni 1999 wird festgehalten, dass der Evaluierungszeitraum zwar zu kurz gewesen sei, aber erste Anlaufschwierigkeiten inzwischen überwunden sind. Nachdem nun auch Interoperabilitätsfragen aufgegriffen sind, wird etwas beschönigend festgestellt, dass Deutschland über eine flächendeckende IT-Sicherheitsinfrastruktur verfüge.

  Es gebe jedoch Anpassungsbedarf bei technikrechtlichen Regelungen (u.a. Regelungen zur Prüfung und Bestätigung von technischen Komponenten oder technikneutralere Anforderungen an Zeitstempel) und die Notwendigkeit zur Klärung offener Rechtsfragen (u.a. die Legaldefinition von Zertifizierungsstellen, eine grundgesetz-konforme gesetzliche Grundlage für die Anerkennung von Prüf- und Bestätigungsstellen, sowie die Möglichkeit der Ausstellung und Sperrung von Zertifikaten zu Berufsangaben, u.a. durch Kammern).

[43] Zur Unterscheidung beider Versionen der Gesetzes werden zwei unterschiedliche Abkürzungen, „SigG-97" und „SigG-2000" verwendet, wo diese Differenzierung von Bedeutung ist. Soll grundsätzlich auf das geltende Signaturgesetz Bezug genommen werden, wird dieses einfach mit „SigG" angesprochen.

[44] Diese Darstellung richtet sich nach einer Gliederung von Herrn Dr. Alexander Tettenborn, Bundesministerium für Wirtschaft und Technologie, BMWi, welche er auf der CeBIT in Hannover am 1. März 1999 präsentierte.

- Anpassungsbedarf aufgrund der EG-Richtlinie für elektronische Signaturen:

  Ziel der Richtlinie ist die Erleichterung der Anwendung und die Beseitigung von Hindernissen von elektronischen Signaturen, deren zentrale Bedeutung anerkannt wird. Dabei wird zwischen einfachen, fortgeschrittenen und qualifizierten elektronischen Signaturen unterschieden. Für die letztgenannten wird ein Aufsichts- und Kontrollverfahren mit freiwilliger Akkreditierung vorab erlaubt, jedoch kein Genehmigungsverfahren, wie dies im bisherigen SigG-97 vorgesehen ist. Eine Diskriminierung einfacherer Verfahren wird explizit verboten.

Diesen Problemstellungen will das neue SigG-2000 durch Anpassungen in drei Komplexen entgegnen, auch wenn keine rechtssystematischen Änderungen zum alten SigG-97 angestrebt werden:

- Strukturelle Veränderung des SigG mit Modifikation des Begriffs der „digitalen Signatur" und Unterscheidung unterschiedlicher Formen der „elektronischen Signatur". Ersatz der Zertifizierungsstellen durch ein Kontroll- und Aufsichtssystem, jedoch mit der Option einer Vorabprüfung als freiwilliger Akkreditierung und der Option, für den öffentlichen Bereich Verfahren der freiwilligen Akkreditierung zugrunde zu legen.
- Gleichstellung der qualifizierten elektronischen Signatur mit der eigenhändigen Unterschrift mit Zulassung der qualifizierten elektronischen Signatur als Beweismittel im Gerichtsverfahren, einschließlich der Anpassung der Formvorschriften des Privatrechts an den modernen Rechtsgeschäftsverkehr.
- Anpassung der Haftungsregelungen mit Verschuldens-Haftung der Zertifizierungsstellen bei Verletzung der „Anforderungen des SigG", der SigV oder bei Versagen ihrer technischen Sicherungseinrichtungen. Daran schließt sich eine Mindestversicherungspflicht und die Möglichkeit, die Zertifikate auf bestimmte Nutzungen zu beschränken.

Trotz des Diskriminierungsverbots der EG-RleS gegenüber „weicheren" Verfahren wurde bei dieser Novellierung des SigG-2000 Wert darauf gelegt, dass es zu keiner „Aufweichung" der harten, im bisherigen Gesetz verankerten Verfahren kommt. Dies sollte sicherstellen, dass das Vertrauen der Bürger in die freiwillig vorab akkreditierte harte technische Infrastruktur qualifizierter elektronischer Signaturen gewährt bleibt, während andere, weichere Verfahren für weniger kritische Anwendungen nicht ausgeschlossen sind. Es liegt auf der Hand, dass sich niedergelassene Ärzte im Wesentlichen nach dem erstgenannten Verfahren orientieren müssen.

Das SigG-2000 unterscheidet jetzt insgesamt vier verschiedene Kategorien elektronischer Signaturen, die auf Grund unterschiedlicher Rahmenbedingungen auch unterschiedliche Rechtsfolgen bedingen werden[45]:

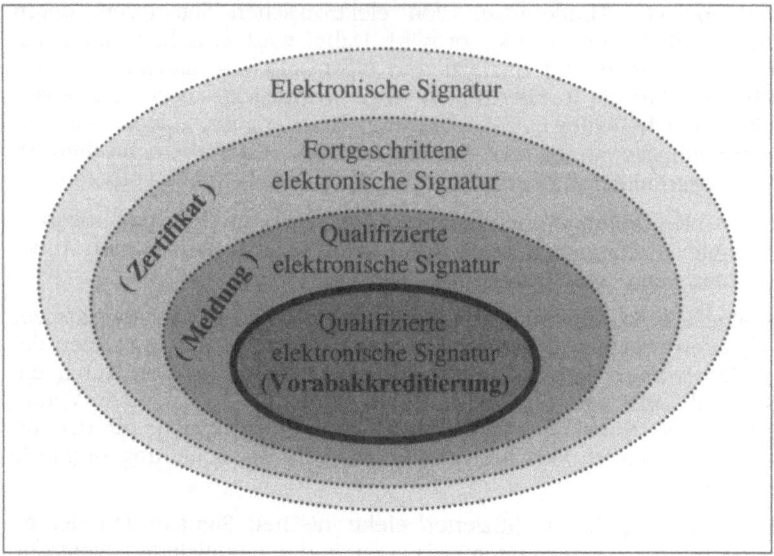

Abbildung 3: Kategorien elektronischer Signaturen

„Elektronische Signaturen“ (§ 2, Nr. 1) und „fortgeschrittene elektronische Signaturen“ (§ 2, Nr. 2) sind im SigG-2000 als Definitionen ohne nähere Regelungen auf Grund der EG-RleS enthalten und bedingen keine unmittelbaren Rechtsfolgen. Hingegen bilden die „qualifizierten elektronischen Signaturen“ (§ 2, Nr. 3) den einheitlichen EG-Standard, der mit der eigenhändigen Unterschrift gleichgestellt werden soll. Die „qualifizierte elektronische Signatur mit nachgewiesener Sicherheit“ (§ 15) wird als EG-Standard mit der eigenhändigen Unterschrift gleichgestellt, bietet jedoch darüber hinaus dauerhafte Überprüfbarkeit und Beweissicherheit vor Gericht im Streitfall.

---

[45] Diese Darstellung folgt einem Vortrag von Herrn Wendelin Bieser, Beauftragter der Bundesregierung für Angelegenheiten der Kultur und Medien im Bundeskanzleramt, welche er auf der CeBIT in Hannover 2001 präsentierte.

Das Sicherheitsniveau der vierten Kategorie entspricht dem des bisherigen SigG-97. Dabei ist festzuhalten, dass die EG-RleS nur den Standard für elektronische Geschäfte regelt (Art. 5) und zusätzliche Anforderungen für elektronische Regierungsbelange den Mitgliedsstaaten selbst überlässt (Art. 3, Abs. 7). Signaturen mit nachgewiesener Sicherheit bilden im zivilrechtlichen Bereich ein Angebot, d.h. Nutzer haben umfassende Rechtssicherheit, können aber im öffentlichen Bereich durch Rechtsvorschriften verlangt und vorgeschrieben werden.

Die Frage, ob solche Daten anstelle einer Schriftformerfordernis treten oder gar über die richterliche, freie Beweiswürdigung hinaus Urkundscharakter erhalten sollten, wurde in einer eigenen Gesetzesnovelle geregelt. Durch den Bundestag inzwischen verabschiedet und voraussichtlich Mai 2001 in Kraft regelt ein **„Gesetz zur Anpassung der Formvorschriften des Privatrechts und anderer Vorschriften an den modernen Rechtsgeschäftsverkehr“** Genaueres[46].

Konkret wird dort in einer als § 126[47] und § 126a[48] bezeichneten Ergänzung der Bürgerlichen Gesetzbuchs (BGB) die Möglichkeit geschaffen, die Schriftformerfordernisse vieler einzelner Rechtsvorschriften durch die elektronische Form zu ersetzen.

Nach dem Wegfall der absoluten „Sicherheitsvermutung“ im bisherigen SigG-97 treffen weder EG-RleS noch das neue SigG-2000 abschließende Festlegungen über den sicheren Beweiswert elektronisch signierter Daten oder vergleichbare Rechtsfolgen. Der neue, im vorgenannten Gesetz auf-

---

[46] Der Regierungsentwurf vom 06.09.2000 ist verfügbar im Internet unter http://www.bmj.bund.de -> „Gesetzgebungsvorhaben“ -> „Regierungsentwürfe“ (zuletzt geprüft 17.11.2000).

[47] **§ 126 BGB**

(3) Die schriftliche Form kann durch die elektronische Form ersetzt werden, wenn sich nicht aus dem Gesetz ein anderes ergibt.

[48] **§ 126a BGB**

(1) Soll die gesetzlich vorgeschriebene schriftliche Form durch eine elektronische Form ersetzt werden, so muss der Aussteller der Erklärung dieser seinen Namen hinzufügen und das elektronische Dokument mit einer qualifizierten elektronischen Signatur nach dem Signaturgesetz versehen.

(2) Bei einem Vertrag müssen die Parteien jeweils ein gleichlautendes Dokument in der in Absatz 1 bezeichneten Weise elektronisch signieren.

genommene § 292a ZPO[49] führt hingegen das Konzept einer „zu erschütternden“ Sicherheitsvermutung an. Wesentliches Konstrukt ist eine materielle Vermutungsregelung, die ein mit der qualifizierten elektronischen Signatur einer akkreditierten Einrichtung versehene Erklärung dem Signaturschlüssel-Inhaber zurechnet. Wird die Sicherheit dieser Vermutung bestritten, so muss ein berechtigter Zweifel an der unterstellten Sicherheit erst bewiesen werden. Diese „zu erschütternde Sicherheitsvermutung“ setzt somit den Stellenwert qualifizierter elektronischer Signaturen, die mit sicheren Signiereinheiten akkreditierter Einrichtungen erstellt wurden, sehr hoch an und dürfte auch für das Gesundheitswesen praktischen Nutzen bringen.

In diesem Zusammenhang muss jedoch ausdrücklich darauf hingewiesen werden, dass diese Regelungen, die auf Grund der EG-RleS bereits die dritte Kategorie der elektronischen Signaturen der Schriftform gleichsetzen, nicht automatisch im Rahmen der Informationsübermittlung der „gesetzlichen Krankenversicherung“ (**GKV**) gelten (s. Abschnitt 4.2, Seite 48). Hier müssen erst entsprechende Änderungen der Sozialgesetzbücher vorgenommen werden, da diese schließlich ärztliche Leistungen und Kommunikation im Rahmen der gesetzlichen Krankenversicherung regeln. Konkret ist also z.B. der alte Überweisungsschein noch lange nicht tot. Tatsache ist zusätzlich, dass die EG-RleS einer „harten“ Regelung von Signaturverfahren für das Gesundheitswesen, aufsetzten auf die vierte Kategorie „qualifizierter elektronischer Signaturen mit nachgewiesener Sicherheit“, aus Wettbewerbsgründen nicht entgegen steht.

Der Vollständigkeit halber muss noch das „**Telekommunikationsgesetz**“ (**TKG**) angeführt werden, das die Bundesregierung im Jahr 1996 erlassen und zuletzt 1998 novelliert hat. Es wird oft im Zusammenhang mit telematischen Anwendungen genannt, bzw. manchmal sogar mit dem TDG (Artikel 1, IuKDG) verwechselt.

---

[49] **§ 292a ZPO**

Der Anschein der Echtheit einer in elektronischer Form vorliegenden Willenserklärung, der sich auf Grund der Prüfung nach dem Signaturgesetz ergibt, kann nur durch Tatsachen erschüttert werden, die es ernsthaft als möglich erscheinen lassen, dass die Erklärung nicht mit dem Willen des Signaturschlüssel-Inhabers abgegeben worden ist. Der Beweis dieser Tatsachen kann auch durch den Antrag auf Parteivernehmung nach § 455 geführt werden.

Die Abgrenzung der Anwendungsbereiche von TKG und TDG ist im Einzelnen streitig [Möller:2000]. Er schreibt, „es besteht jedoch Einigkeit darüber, dass das TKG den technischen Vorgang der Datenübertragung selbst und das TDG hingegen die Inhalte regeln soll. Daraus werden aber unterschiedliche Konsequenzen gezogen. Überwiegend wird vertreten, dass jede Übermittlung von Daten in Netzen Telekommunikation darstellt, so dass jeder Netzdienst, der Daten übermittelt, zumindest auch unter das TKG fallen muss."

Grundsätzlich ist festzuhalten, dass das TKG allgemein der Regulierung im Bereich der Telekommunikation zur Förderung des Wettbewerbs und Gewährleistung flächendeckender und ausreichender Dienstleistungen dient[50].

Aus dem Blickwinkel dieses Buches ist dabei festzuhalten, dass die Regelungen des TKG lediglich die Übermittlung selbst betreffen und nicht übermittelte Inhalte oder die damit verbundenen Datenverarbeitungsprozesse. Das TKG ist nur dort von Belang, wo es um die Daten der übermittelnden Personen oder Einrichtungen zum Zweck des Angebots, der Erbringung oder der Abrechnung von Telekommunikationsleistungen geht.

Eine eigenständige Regulierung oder Beeinflussung von sicherheitsrelevanten Belangen in Bezug auf die von niedergelassenen Ärzten übermittelten Inhalte (i.e. die Patientendaten) ist nicht gegeben.

4.1.3 Bayern

Einzelne Bundesländer haben eigene Datenschutzgesetze für die Länder erlassen, so z.B. das „Bayerische Datenschutzgesetz" (**BayDSG**). Diese sind jedoch im hier betrachteten Kontext niedergelassener Ärzte nicht wirksam, da sie nur für die Verarbeitung personenbezogener Daten durch Behörden und sonstige öffentliche Stellen des Landes gelten.

4.2 Spezifische Festlegungen

Allgemeine rechtliche Grundlage für die Verarbeitung personenbezogener Patientendaten in der Praxis ist der mit dem Patienten bzw. der zu seinen Gunsten geschlossene Behandlungsvertrag. Der Inhalt des Behandlungsvertrags wird dabei konkretisiert durch schriftliche bzw. mündliche Ab-

[50] Sinngemäß in § 1 TDG (Zweck des Gesetzes) so formuliert.

sprachen zwischen Patient und behandelndem Arzt unter Beachtung des im Datenschutzrecht verankerten, zentralen Erforderlichkeitsgrundsatzes. In diesem Vertragsverhältnis ist begründet, dass die Verarbeitung der personenbezogenen Patientendaten nur zulässig ist, wenn und soweit die Daten zur Aufgabenerfüllung, d.h. zur Durchführung der Behandlung, erforderlich sind [Wehrmann 1997:755]. Andere Nutzungszwecke jener Daten sind ohne gesonderte Vereinbarung nicht auf dieser Grundlage zulässig.

Einige Kommunikationswege im deutschen Gesundheitswesen sind in gesetzlichen Regelungen besonders festgeschrieben. Diese Rechtsvorschriften schreiben vielfache Übermittlungspflichten vor, für die im Gegenzug keine Einwilligung der Betroffenen (d.h. der Patienten oder Ärzte) eingeholt werden muss.

Auf der Basis gesetzlicher Vorgaben regeln der „Bundesmantelvertrag-Ärzte" (**BMV-Ä**) und der „Arzt-/Ersatzkassenvertrag" (**A-/EKV**) als Verträge zwischen den Spitzenverbänden der Kassenärztlichen Vereinigungen und der Kostenträger der gesetzlichen Krankenversicherung und in Folge den Datenverkehr zwischen den ärztlichen Praxen und den Kassenärztlichen Vereinigungen mittels Zusatzvereinbarungen. § 294 und § 295 SGB V regeln die Übermittlung von Leistungsdaten, den Datenträgeraustausch zwischen den Kassenärztlichen Vereinigungen und Krankenkassen, wohingegen § 301 SGB V den Datenaustausch zwischen Kliniken und Krankenkassen regelt. In diesen Rechtsvorschriften hat der Gesetzgeber konkret und abschließend festgelegt, welche Daten dabei regelmäßig zu übermitteln sind.

Vereinfachend kann festgehalten werden, dass im Rahmen der „privaten Krankenversicherung" (**PKV**), die Regelungen des Bundesdatenschutzgesetzes gelten und im Rahmen der GKV darüber hinaus die Spezialvorschriften des SGB V und SGB X greifen.

§ 73 Abs. 1b SGB V[51]: Hier ist die sog. „befugte Offenbarung im Rahmen der haus- und fachärztlichen Versorgung" verankert, d.h.

[51] **§ 73 Absatz 1b SGB V (Kassenärztliche Versorgung)**

(1b) Ein Hausarzt darf bei Ärzten, die einen seiner Patienten weiterbehandeln, die wesentlichen Behandlungsdaten und Befunde des Versicherten zum Zweck der Dokumentation erheben. Der einen Versicherten weiterbehandelnde Arzt ist verpflichtet, dem Hausarzt dieses Versicherten mit dessen Einverständnis die in Satz 1 genannten Daten zum Zwecke der bei ihm durchzuführenden Dokumentation zu übermitteln. Der Hausarzt darf die ihm nach Satz 1 übermittelten Daten nur zu

. . .

die Erlaubnis für den Hausarzt der Dokumentation selbst erhobener Daten, wie auch die Dokumentation der von **Fach**ärzten erhobenen Daten. Hier wird die Rolle des Hausarztes als Daten-Koordinator eindeutig gestärkt. Immer noch umstritten ist, ob dies im umgekehrten Fall ebenfalls nach dieser Vorschrift zulässig ist (d.h. ob ein Facharzt Daten eines **Haus**arztes speichern und verarbeiten darf).

§ 140a Abs. 2 SGB V[52]: Dem Gesetzgeber sind „integrierte Versorgungsformen" (i.e. das formale Zusammenwirken unterschiedlicher Hausärzte, Fachärzte und klinischer Einrichtungen, d.h. ambulant und stationär) ein aktuelles Anliegen. In dieser Rechtsnorm wird die Datenübermittlung, bzw. der gegenseitige Datenabruf ausdrücklich an die Erfüllung von insgesamt drei Kriterien gebunden: a) die Einwilligung der Versicherten, b) das Vorliegen eines konkreten Behandlungsfalls und c) die Einschränkung des Empfängerkreises auf Mitglieder medizinischer Heilberufe (s. Fußnote [35], Seite 36).

§ 140b Abs. 3 SGB V[53]: Hier verankert der Gesetzgeber die Pflicht der ausreichenden und verfügbaren Dokumentation von Gesund-

---

dem Zweck speichern und nutzen, zu dem sie ihm übermittelt worden sind. Bei einem Hausarztwechsel ist der bisherige Hausarzt des Versicherten verpflichtet, dem neuen Hausarzt die bei ihm über den Versicherten gespeicherten Unterlagen mit dessen Einverständnis vollständig zu übermitteln; der neue Hausarzt darf die in diesen Unterlagen enthaltenen personenbezogenen Daten erheben.

[52] **§ 140a Absatz 2 SGB V (Integrierte Versorgung)**

(2) Die Teilnahme der Versicherten an den integrierten Versorgungsformen ist freiwillig. Ein behandelnder Leistungserbringer darf aus der gemeinsamen Dokumentation nach § 140b Abs. 3 die den Versicherten betreffenden Behandlungsdaten und Befunde nur dann abrufen, wenn der Versicherte ihm gegenüber seine Einwilligung erteilt hat, die Information für den konkret anstehenden Behandlungsfall genutzt werden soll und der Leistungserbringer zu dem Personenkreis gehört, der nach § 203 des Strafgesetzbuches zur Geheimhaltung verpflichtet ist.

[53] **§ 140b Absatz 3 SGB V (Verträge zu integrierten Versorgungsformen)**

(3) In den Verträgen nach Absatz 1 müssen sich die Vertragspartner der Krankenkassen zu einer qualitätsgesicherten, wirksamen, ausreichenden, zweckmäßigen und wirtschaftlichen Versorgung der Versicherten verpflichten. Die Vertragspartner haben die Erfüllung der Leistungsansprüche der Versicherten nach den §§ 2 und 11 bis 62 in dem Maße zu gewährleisten, zu dem die Leistungserbringer nach diesem Kapitel verpflichtet sind. Insbesondere müssen die Vertragspartner die Gewähr

. . .

heitsdaten im jeweils erforderlichen Umfang für integrierte Versorgungsformen entsprechend dem Stand medizinischer Erkenntnisse. Dabei wird die Bedeutung der Koordination zwischen den unterschiedlichen Versorgungsbereichen klar als qualitätssicherndes Ziel hervorgehoben und der Gegenstand des Versorgungsauftrags eingeschränkt.

§ 276 Abs. 2 SGB V[54]: In dieser inhaltlich komplexen Rechtsnorm werden die gegenseitigen Pflichten zur Übermittlung von Be-

---

dafür übernehmen, dass sie die organisatorischen, betriebswirtschaftlichen sowie die medizinischen und medizinisch-technischen Voraussetzungen für die vereinbarte integrierte Versorgung entsprechend dem allgemein anerkannten Stand der medizinischen Erkenntnisse und des medizinischen Fortschritts erfüllen und eine an dem Versorgungsbedarf der Versicherten orientierte Zusammenarbeit zwischen allen an der Versorgung Beteiligten einschließlich der Koordination zwischen den verschiedenen Versorgungsbereichen und einer ausreichenden Dokumentation, die allen an der integrierten Versorgung Beteiligten im jeweils erforderlichen Umfang zugänglich sein muss, sicherstellen. Gegenstand des Versorgungsauftrags an die Vertragspartner der Krankenkassen nach den Absätzen 1 und 2 dürfen nur solche Leistungen sein, über deren Eignung als Leistung der Krankenversicherung die Bundesausschüsse nach § 91 im Rahmen der Beschlüsse nach § 92 Abs. 1 Satz 2 Nr. 5 und der Ausschuss nach § 137c Abs. 2 im Rahmen der Beschlüsse nach § 137c Abs. 1 keine ablehnende Entscheidung getroffen haben.

[54] **§ 276 Absatz 2 SGB V (Zusammenarbeit)**

(2) Der Medizinische Dienst darf Sozialdaten nur erheben und speichern, soweit dies für die Prüfungen, Beratungen und gutachtlichen Stellungnahmen nach § 275 und für die Modellvorhaben nach § 275a erforderlich ist; haben die Krankenkassen nach § 275 Abs. 1 bis 3 eine gutachtliche Stellungnahme oder Prüfung durch den Medizinischen Dienst veranlasst, sind die Leistungserbringer verpflichtet, Sozialdaten auf Anforderung des Medizinischen Dienstes unmittelbar an diesen zu übermitteln, soweit dies für die gutachtliche Stellungnahme und Prüfung erforderlich ist. Ziehen die Krankenkassen den Medizinischen Dienst nach § 275 Abs. 4 zu Rate, können sie ihn mit Erlaubnis der Aufsichtsbehörden beauftragen, Datenbestände leistungserbringer- oder fallbezogen für zeitlich befristete und im Umfang begrenzte Aufträge nach § 275 Abs. 4 auszuwerten; Sozialdaten sind vor der Übermittlung an den Medizinischen Dienst zu anonymisieren. Die rechtmäßig erhobenen und gespeicherten Sozialdaten dürfen nur für die in § 275 genannten Zwecke verarbeitet oder genutzt werden, für andere Zwecke, soweit dies durch Rechtsvorschriften des SGB angeordnet oder erlaubt ist. Die Sozialdaten sind nach fünf Jahren zu löschen. Die §§ 286, 287 und 304 Abs. 1 Satz 2 und 3 und Abs. 2 gelten für den Medizinischen Dienst entsprechend. Der Medizinische Dienst darf

. . .

handlungsdaten zwischen dem „Medizinischen Dienst der Krankenkassen“ (**MDK**) und anderen Stellen im Gesundheitswesen sowie deren Aufbewahrungsfristen geregelt. Grundsätzlich wird dabei die Einschränkung auf das für die Erfüllung gesetzlicher Aufgaben notwendige Mindestmaß verankert.

§ 295 SGB V[55]: Im ersten Absatz wird die Übermittlung von ärztlichen Leistungsdaten an die Kostenträger zur Abrechnung verankert. Bemerkenswert dabei ist, dass hier erstmalig die Daten „maschinenlesbar“ aufzuzeichnen und zu übermitteln sind und für die Diagnosenverschlüsselung der Einsatz der „Internationalen Klassifikation der Krankheiten“ (**ICD**) vorgeschrieben wird. In den folgenden Absätzen wird vorgeschrieben, dass die Übermittlung „fallbezogen“ und nicht „versichertenbezogen“ zu erfolgen hat. Dieses, den Kassenärztlichen Vereinigungen vorgeschriebene Verfahren, führt faktisch zu einer Anonymisierung der Abrechnungsdaten[56].

---

in Dateien nur Angaben zur Person und Hinweise auf bei ihm vorhandene Akten aufnehmen.

[55] **§ 295 SGB V (Abrechnung ärztlicher Leistungen)**

(1) Die an der vertragsärztlichen Versorgung teilnehmenden Ärzte und ärztlich geleiteten Einrichtungen sind verpflichtet, 1. in dem Abschnitt der Arbeitsunfähigkeitsbescheinigung, den die Krankenkasse erhält, die Diagnosen, 2. in den Abrechnungsunterlagen für die vertragsärztlichen Leistungen die von ihnen erbrachten Leistungen einschließlich des Tages der Behandlung, bei ärztlicher Behandlung mit Diagnosen, bei zahnärztlicher Behandlung mit Zahnbezug und Befunden, 3. in den Abrechnungsunterlagen sowie auf den Vordrucken für die vertragsärztliche Versorgung ihre Arztnummer sowie die Angaben nach § 291 Abs. 2 Nr. 1 bis 8 maschinenlesbar aufzuzeichnen und zu übermitteln. Die Diagnosen nach Satz 1 Nr. 1 und 2 sind nach der Internationalen Klassifikation der Krankheiten in der jeweiligen vom Deutschen Institut für medizinische Dokumentation und Information im Auftrag des Bundesministers für Gesundheit herausgegebenen deutschen Fassung zu verschlüsseln. ... / ...

[56] Konkret wird ein Datenbestand - PLP - mit Personenbezug aber ohne wesentliche Leistungsinformationen zur Überprüfung der Leistungspflicht und davon getrennt ein weiterer Datenbestand - EFN - ohne Personenbezug aber mit allen Leistungsdaten an die Kostenträger übermittelt. Diese dürfen nur in bestimmten, gesetzlich genannten Einzelfällen, z.B. bei Fremdverschulden oder Regressanspruch, zusammengeführt werden.

§ 100 SGB X[57]: Hier sichert der Gesetzgeber dem Leistungsträger (i.d. Regel der gesetzlichen Krankenversicherung) die Rechtmäßigkeit an sie übermittelter Daten von Versicherten zu mit der Einschränkung, dass nur solche übermittelt werden, die zur Durchführung der gesetzlichen Aufgaben des Leistungsträgers dienen. Für die inhaltliche Konkretisierung wird auf andere gesetzliche Rechtsgrundlagen verwiesen oder diese an die Einwilligung des Betroffenen angeknüpft, die i.d.R. schriftlich zu erfolgen hat.

§ 18 Abs. 4 SGB XI[58]: Im Rahmen des Verfahrens zur Feststellung der Pflegebedürftigkeit besteht auch für den niedergelassenen Vertragsarzt eine Übermittlungspflicht von Behandlungsdaten an den Medizinischen Dienst.

Bereits 1997 hat der 100. deutsche Ärztetag in Eisenach eine „(Muster-) Berufsordnung für die Ärztinnen und Ärzte" (**MBO-Ä**) beschlossen, die schon relevante Regelungen für die Telematik im Gesundheitswesen enthielt. Das ärztliche Berufsrecht fällt jedoch in die Gesetzgebungskompetenz der Länder. Somit bestand in Folge die Notwendigkeit der Umsetzung durch die jeweils zuständigen Landesärztekammern, die unter-

---

[57] **§ 100 SGB X (Auskunftspflicht des Arztes oder Angehörigen eines anderen Heilberufs)**

(1) Der Arzt oder Angehörige eines anderen Heilberufs ist verpflichtet, dem Leistungsträger im Einzelfall auf Verlangen Auskunft zu erteilen, soweit es für die Durchführung von dessen Aufgaben nach diesem Gesetzbuch erforderlich und 1. es gesetzlich zugelassen ist oder 2. der Betroffene im Einzelfall eingewilligt hat. Die Einwilligung bedarf der Schriftform, soweit nicht wegen besonderer Umstände eine andere Form angemessen ist. Die Sätze 1 und 2 gelten entsprechend für Krankenhäuser sowie für Vorsorge- oder Rehabilitationseinrichtungen.

(2) Auskünfte auf Fragen, deren Beantwortung dem Arzt, dem Angehörigen eines anderen Heilberufs oder ihnen nahestehende Personen (§ 383 Abs. 1 Nr. 1 bis 3 der ZPO) die Gefahr zuziehen würde, wegen einer Straftat oder einer Ordnungswidrigkeit verfolgt zu werden, können verweigert werden.

[58] **§ 18 Absatz 4 SGB XI (Verfahren zur Feststellung der Pflegebedürftigkeit)**

(4) Die Pflege- und Krankenkassen sowie die Leistungserbringer sind verpflichtet, dem Medizinischen Dienst die für die Begutachtung erforderlichen Unterlagen vorzulegen und Auskünfte zu erteilen. § 276 Abs. 1 Satz 2 und 3 des Fünften Buches gilt entsprechend.

schiedliche Ermächtigungsnormen[59] in den „Heilberufe-Kammergesetzen" (**HKaG**) zu berücksichtigen haben. Darüber hinaus muss jede Berufsordnung durch die jeweils für die Ärztekammer zuständige Aufsichtsbehörde genehmigt werden und trägt i.d.R. unterschiedlich empfundenem Regelungsbedarf bei besonderen Problemlagen Rechnung.

Da es aus historischen Gründen in Deutschland 17 Landesärztekammern gibt[60], existieren und gelten genauso viele, in Details unterschiedliche, Berufsordnungen. Die „Berufsordnung für die Ärzte Bayerns" (**BayBO**) wurde vom zuständigen Bayerischen Ärztetag beschlossen auf Basis des HKaG als Satzungsrecht. Die nachfolgenden Angaben beziehen sich auf die BayBO in der gegenwärtig gültigen Fassung vom 12.10.1997, die mit Bescheid vom 24.10.1997 - Nr. VII 2/8502/7/97 von der zuständigen Aufsichtsbehörde, dem „Bayerischen Staatsministerium für Arbeit und Sozialordnung, Familie, Frauen und Gesundheit" (**BayStMAS**), genehmigt wurde.

> **§ 9 Abs. 1 und Abs. 2 BayBO**[61]: Der Arzt unterliegt der Schweigepflicht nicht nur nach dem Strafrecht (§ 203 StGB) sondern auch nach dem Berufsrecht. Dabei ist hier in der Berufsordnung über die Entbindung von der Schweigepflicht durch den Patienten hinaus ausdrücklich geregelt, wann unter Unterrichtung des Patienten eine Offenbarung dennoch zu erfolgen hat.

---

[59] Konkret durch das jeweils geltende „Gesetz über die Berufsausübung, die Berufsvertretungen und die Berufsgerichtsbarkeit der Ärzte, Zahnärzte, Tierärzte und Apotheker (Heilberufe-Kammergesetz - HKaG)". Das bayerische HKaG regelt die grundsätzlichen Festlegungen der Berufsordnung in Abschnitt 1, Artikel 19.

[60] Das Heilberufsgesetz für das Land Nordrhein-Westfalen errichtet **zwei** Ärztekammern, die Ärztekammer Nordrhein und die Ärztekammer Westfalen-Lippe.

[61] **§ 9 Absatz 1 und Absatz 2 BayBO (Schweigepflicht)**

(1) Der Arzt hat über das, was ihm in seiner Eigenschaft als Arzt anvertraut oder bekannt geworden ist, - auch über den Tod des Patienten hinaus - zu schweigen. Dazu gehören auch schriftliche Mitteilungen des Patienten, Aufzeichnungen über Patienten, Röntgenaufnahmen und sonstige Untersuchungsbefunde.

(2) Der Arzt ist zur Offenbarung befugt, soweit er von der Schweigepflicht entbunden worden ist oder soweit die Offenbarung zum Schutze eines höherwertigen Rechtsgutes erforderlich ist. Gesetzliche Aussage- und Anzeigepflichten bleiben unberührt. Soweit gesetzliche Vorschriften die Schweigepflicht des Arztes einschränken, soll der Arzt den Patienten darüber unterrichten.

§ 9 Abs. 3 BayBO[62]: Der Arzt muss seine Praxismitarbeiter und Auszubildenden auch nach der Berufsordnung über die Verschwiegenheitspflicht belehren und dies schriftlich festhalten.

§ 9 Abs. 4 BayBO[63]: Die Möglichkeit des stillschweigenden Einverständnisses zur Schweigepflichtsentbindung bei mehreren Behandlern wird ausdrücklich eingeräumt, wenn das Einverständnis eines Patienten vorliegt oder anzunehmen ist. Dies dürfte nach gegenwärtigem Verständnis dann der Fall sein, wenn er sich in Behandlung begibt, jedoch ist hier kritisch der anzunehmende Umfang zu prüfen, da sicher nicht regelmäßig anzunehmen ist, dass der Patient stillschweigend jedem Behandler alle über ihn erhobenen Daten zu Verfügung stellen will.

§ 10 Abs. 1 BayBO[64]: Die Dokumentation gemachter Feststellungen und getroffener Maßnahmen ist als Berufspflicht verankert. Dabei wird ausdrücklich betont, dass diese Dokumentation (nach Umfang und Detailtiefe) über einfache Gedächtnisstützen hinauszugehen hat.

§ 10 Abs. 2 BayBO[65]: Bei dem hier verankerten Recht auf Einsichtnahme wird jedoch deutlich, dass hier nur objektivierbare Teile

---

[62] **§ 9 Absatz 3 BayBO (Schweigepflicht)**

(3) Der Arzt hat seine Mitarbeiter und die Personen, die zur Vorbereitung auf den Beruf an der ärztlichen Tätigkeit teilnehmen, über die gesetzliche Pflicht zur Verschwiegenheit zu belehren und dies schriftlich festzuhalten.

[63] **§ 9 Absatz 4 BayBO (Schweigepflicht)**

(4) Wenn mehrere Ärzte gleichzeitig oder nacheinander denselben Patienten untersuchen oder behandeln, so sind sie untereinander von der Schweigepflicht insoweit befreit, als das Einverständnis des Patienten vorliegt oder anzunehmen ist.

[64] **§ 10 Absatz 1 BayBO (Dokumentationspflicht)**

(1) Der Arzt hat über die in Ausübung seines Berufes gemachten Feststellungen und getroffenen Maßnahmen die erforderlichen Aufzeichnungen zu machen. Diese sind nicht nur Gedächtnisstützen für den Arzt, sie dienen auch dem Interesse des Patienten an einer ordnungsgemäßen Dokumentation.

[65] **§ 10 Absatz 2 BayBO (Dokumentationspflicht)**

(2) Der Arzt hat dem Patienten auf dessen Verlangen grundsätzlich in die ihn betreffenden Krankenunterlagen Einsicht zu gewähren; ausgenommen sind diejenigen Teile, welche subjektive Eindrücke oder Wahrnehmungen des Arztes ent-

...

diesem Einsichtsrecht unterliegen. Für subjektive Eindrücke oder Wahrnehmungen ist der Arzt selbst Herr der Daten und muss diese dem Patienten nicht offenbaren.

§ 10 Abs. 3 BayBO[66]: Aufbewahrungspflicht von Aufzeichnungen = 10 Jahre, soweit nicht anders geregelt.

Abweichende Regelungen finden sich u.a. in § 28 Abs. 4 Nr. 1 Röntgenverordnung (**RöV**), § 43 Abs. 3 Strahlenschutzverordnung (**StrSchV**), § 14 Abs. 3 Transfusionsgesetz (**TFG**), § 15 Transplantationsgesetz oder § 195 BGB, Ansprüche aus vertraglicher Haftung (Verjährung erst nach 30 Jahren).

§ 10 Abs. 5 BayBO[67]: Hier ist die Notwendigkeit sichernder und schützender Maßnahmen bei elektronischer Aufzeichnung dokumentierter Behandlungsdaten verankert, die einer ordnungsgemäßen Verarbeitung und Verfügbarkeit dienen soll (s. „Datensicherheit", Abschnitt 3.1, Seite 12).

Es ist absehbar, dass die Entwicklung damit nicht stehen bleibt. Auf dem 103. Deutschen Ärztetag 2000 wurde unter anderem auch über eine Novellierung der (Muster-) Berufsordnung beraten. Gegenstand dieser Beratungen waren die Vorschriften der beruflichen Kommunikation (MBO-Ä §§ 27 und 28 in Verbindung mit den Detailvorschriften des Kapitels D I Nrn. 1 - 6) und die Vorschriften zum Praxisverbund (Kapitel D II, Nr. 11). Wesentliche Änderungen bezogen sich auf Erweiterungen, aber auch restriktivere Auslegung von Ankündigungsmöglichkeiten der ärztlichen Praxen.

Für Sicherheitskonzepte niedergelassener Ärzte hingegen mehr relevant ist im Wesentlichen die Neufassung der Regelung zum Praxisverbund, als Folge der integrierten Versorgung in § 140 a ff. SGB V. Hier wird als Zu-

---

halten. Auf Verlangen sind dem Patienten Kopien der Unterlagen gegen Erstattung der Kosten herauszugeben.

[66] **§ 10 Absatz 3 BayBO (Dokumentationspflicht)**

(3) Ärztliche Aufzeichnungen sind für die Dauer von zehn Jahren nach Abschluss der Behandlung aufzubewahren, soweit nicht nach gesetzlichen Vorschriften eine längere Aufbewahrungspflicht besteht.

[67] **§ 10 Absatz 5 BayBO (Dokumentationspflicht)**

(5) Aufzeichnungen auf elektronischen Datenträgern oder anderen Speichermedien bedürfen besonderer Sicherungs- und Schutzmaßnahmen, um deren Veränderung, Vernichtung oder unrechtmäßige Verwendung zu verhindern.

lässigkeitsvoraussetzung festgelegt, dass ein Praxisverbund durch ein gemeinsames Versorgungsziel im Rahmen der Vertragsärztlichen Versorgung begründet und auch für Krankenhäuser, Vorsorge- und Rehakliniken, sowie Angehörige anderer Gesundheitsberufe geöffnet ist. Damit wird effektiv eine wesentliche Voraussetzung für die grundsätzliche Zulässigkeit von Datenübermittlungen zwischen diesen Beteiligten im Rahmen der ärztlichen Versorgung verankert.

Ausdrücklich muss jedoch dabei festgehalten werden, dass auch diese Novellierung der MBO-Ä erst noch durch den bayerischen Ärztetag in landesspezifisches Berufsrecht umgesetzt werden muss, und bis dahin die BayBO in der Fassung vom 12. Oktober 1997 gültig bleibt.

4.3 Sonstige Empfehlungen und Richtlinien

Das Thema notwendiger Rahmenbedingungen für eine spezielle, bedrohungsadäquate Sicherheitsinfrastruktur zur Online-Übermittlung von personenbezogenen Patientendaten wird durch unterschiedliche Einrichtungen im Gesundheitswesen schon seit längerem diskutiert.

Ergebnisse dieser Ansätze finden sich in einer ganzen Reihe von Literaturquellen und weiteren Veröffentlichungen, wobei im Sinne dieses Buches folgende von Bedeutung sind und vornehmlich empfehlenden Charakter in Anspruch nehmen können:

- **Oktober 1996, Empfehlungen zu ärztlicher Schweigepflicht, Datenschutz und Datenverarbeitung in der Arztpraxis. Bekanntmachung der BÄK**

  Diese Empfehlungen der BÄK wurden als „Bekanntmachung der Herausgeber" im Deutschen Ärzteblatt veröffentlicht [Bundesärztekammer 1996] und besitzen somit verbindlichen Charakter für alle Ärzte[68].

  Hier wird, ausgehend von den einschlägigen Rechtsgrundlagen der ärztlichen Schweigepflicht, auf die allgemeinen Grundsätze der Datenverarbeitung und Nutzung personenbezogener Daten eingegangen. Dann werden die Zweckbindung im Zusammenhang mit der elektronischen Patientenkartei hervorgehoben und Regeln für die Übermitt-

[68] In einer Fußnote wird jedoch ausdrücklich darauf hingewiesen, dass nicht alle Inhalte auf den Bereich des Krankenhauses uneingeschränkt übertragen werden können, da der Bereich der Datenverarbeitung im Krankenhaus zum Teil durch besondere Landesdatenschutzgesetze geregelt ist und zu dem Organisationsabläufe in Krankenhäusern Modifikationen der beschriebenen Grundsätze erfordern.

lung von Patientendaten an Dritte einschließlich deren Rechtsgrundlagen aufgeführt. In Folge wird das Recht des Patienten auf Einsicht in den objektiven Teil der Aufzeichnungen betont, wobei auf der Basis des Behandlungsvertrags das Recht des Patienten auf Löschung, Berichtigung bzw. Sperrung eingeschränkt ist. Schließlich wird auf die Notwendigkeit der Bestellung eines Datenschutzbeauftragten, bei Praxen mit mehr als 5 Mitarbeitern und den grundsätzlich eingeschränkten Beweiswert elektronischer Daten hingewiesen.

Ein spezifischer Anhang beschreibt „Organisationen des EDV-Einsatzes in der Arztpraxis" und beinhaltet im Wesentlichen die zehn technischen und organisatorischen Maßnahmen nach § 9 BDSG, Anlage 1[69]:

- Zugangskontrolle,
- Datenträgerkontrolle,
- Speicherkontrolle,
- Benutzerkontrolle,
- Zugriffskontrolle,
- Übermittlungskontrolle,
- Eingabekontrolle,
- Auftragskontrolle,
- Transportkontrolle,
- Organisationskontrolle.

Zusätzlich zu einer relativ umfangreichen Erklärung der damit verbundenen Einzelheiten wird in diesem Anhang ausdrücklich darauf hingewiesen, dass:

- Ärzte während der gesetzlich vorgeschriebenen Aufbewahrungsfrist in der Lage sein müssen, EDV-mäßig dokumentierte Informationen innerhalb angemessener Zeit verfügbar zu machen,
- Wartungsarbeiten vor Ort grundsätzlich nur an Testdaten erfolgen dürfen und nur im Notfall beaufsichtigtes und schriftlich auf Verschwiegenheit verpflichtetes Personal eingeschränkten Zugriff auf Patientendaten nehmen darf,
- Fernwartung unzulässig ist, wenn Zugriff unbefugter Dritter nicht wirksam ausgeschlossen werden kann,
- bei Datenträgern ein sicherer Transport zu gewährleisten ist,
- Datenfernübertragung personenbezogener Daten chiffriert erfolgen muss,

[69] Die gemeinhin auch oft als die „Zehn Gebote" sicherer Datenverarbeitung apostrophiert werden.

- ausgemusterte Datenträger wirksam unbrauchbar gemacht werden müssen,
- der Arzt darauf achtet, dass diese Maßnahmen eingehalten werden.

- **Oktober 1996, Zweckspezifische Sicherheitsinfrastruktur in Medizin und Gesundheitsverwaltung. Diskussionspapier des Arbeitskreises 3, „Sicherheitsinfrastruktur" der Arbeitsgemeinschaft „Karten im Gesundheitswesen"[70].**

  Diese Dokumentation wurde von den Fachleuten der ärztlichen Körperschaften, der Industrie und Wissenschaft, die sich seinerzeit in der Arbeitsgemeinschaft „Karten im Gesundheitswesen" zusammengefunden hatten, erstellt als Grundlage für eine weiterführende Diskussion über Sicherheitsinfrastruktur auf möglichst einheitlicher Grundlage durch alle Beteiligten im Gesundheitswesen. Dabei werden zunächst in einem umfassenden Überblick alle denkbaren, potenziellen Kommunikationsbeziehungen im Gesundheitswesen systematisch aufgeführt.

  Aus der somit festgestellten Heterogenität von Beziehungen und Zuständigkeiten wird die Notwendigkeit abgeleitet für den Aufbau einer Organisation, die für notwendige Entscheidungen zuständig zeichnet. Dabei sollte eine solche Entscheidungsinstanz fünf wichtige Aufgaben übernehmen, indem sie Folgendes festlegt:

  - Kommunikationsrichtlinien,
  - Sicherheitskonzept für Kommunikation,
  - Funktion und Schutz von Daten einer Patientenkarte,
  - Sicherheitskonzept für eine Patientenkarte,
  - Funktionen einer HPC,
  - Sicherheitskonzept für eine HPC,
  - Zulassungsverfahren und Vertragsvorgaben.

[70] Das Arbeitspapier „AK3 9-96" von Uwe Meyer wurde am 11.10.1996 in der Version 1.0 vorgelegt und kann über den Leiter des Nachfolge-Arbeitskreises „Sicherheitsinfrastruktur", Herrn Sembritzki, beim Zentralinstitut für die Kassenärztliche Versorgung in der BRD bezogen werden.

Ferner werden für eine funktionierende Telematik im Gesundheitswesen Zulassungs- und Kontrollinstanzen, ein Beauftragter für den Patientenschutz, Trustcenter, Kartenherausgeber und Kartenhersteller gefordert. Anschließend werden notwendige kryptographische Verfahren zur Sicherung unterschiedlicher Abschnitte der Kommunikationsbeziehungen grob umrissen und es wird abgeschlossen durch eine funktionelle Übersicht von Karten im Gesundheitswesen.

Insgesamt kann festgehalten werden, dass sich der Arbeitskreis „Sicherheitsinfratruktur" ausgehend von der Zielrichtung der Arbeitsgemeinschaft „Karten im Gesundheitswesen" sehr an absehbaren oder möglichen Einsatzszenarien für Karten im Gesundheitswesen orientiert. Trotzdem wird schon deutlich das Dilemma unterschiedlicher Instanzen und Zuständigkeiten als Hinderungsfaktor für eine funktionierende Telematik im Gesundheitswesen herausgestellt.

- **Januar 1997, Rahmenbedingungen zur Online-Übertragung ärztlicher Daten. Merkblatt der Kassenärztlichen Vereinigung Bayerns**

Aufgrund vieler Anfragen, zunehmend durch neue Angebote verunsicherter niedergelassener Vertragsärzte, veröffentlichte die Kassenärztliche Vereinigung Bayerns 1997 zuerst in ihrem Landesrundschreiben 1/97 eine Reihe von Vorsichtsmaßnahmen bei der Telekommunikation in der Arztpraxis. Ausgehend von einer Unterscheidung medizinischer Daten in „Patienteninformationen" und „medizinischem Wissen", mit ihren jeweils eigenen Sicherungsbedürfnissen und Bedrohungspotenzialen wird in einem kurzen Abriss die Informationstopologie im Gesundheitswesen aufgezeigt.

Für den Bereich der personenbezogenen Patientendaten wird dann auf den datenschutzrechtlichen Grundsatz des vollständigen Verarbeitungs- und Nutzungsverbots mit Erlaubnisvorbehalt eingegangen. Zur Sicherung entsprechender Übertragungstechniken werden allgemein die folgenden Voraussetzungen genannt:

- Authentifizierung,
- Digitale Unterschrift,
- Verschlüsselung,
- Nicht-Abstreitbarkeit,
- Verfallsdatum.

Daran angeschlossen werden konkrete Techniken der Netzwerktopographie bis hin zur Entwicklung des Internets und den darauf basierenden VPN's vorgestellt. Dabei wird festgestellt, dass bislang heterogene und unterschiedliche Ansätze zur Lösung technischer Probleme eine Interoperabilität von sicherheitsrelevanten Funktionen verhindern. Obwohl noch keine konkreten Lösungsvorschläge angeboten werden, steht am Ende die Forderung nach einer einheitlichen, interoperablen und konsensfähigen Sicherheitsinfrastruktur für das deutsche Gesundheitswesen.

Die Inhalte dieses Merkblatts[71] werden u.a. als Grundlage für die Darstellung der Voraussetzungen für Online-Verfahren (s. Abschnitt 5.4, Seite 98) in diesem Buch herangezogen.

- **Januar 1999, Möglichkeiten und Grenzen aktuellen E-Mail-Versands im Gesundheitswesen. Merkblatt der Kassenärztlichen Vereinigung Bayerns**

  Technische Angebote unterschiedlicher Praxiscomputer-Hersteller, wie auch die aus Anfragen von niedergelassenen Ärzten deutlich werdende Verunsicherung über die Nutzungsmöglichkeiten inzwischen angebotener E-Mail-Dienste im Gesundheitswesen, veranlassten die Kassenärztliche Vereinigung Bayerns 1999 erneut in ihrem Landesrundschreiben 1/99 Stellung zu beziehen zu Möglichkeiten und Grenzen aktuellen E-Mail-Versands im Gesundheitswesen [Goetz 1999e].

  In diesem Merkblatt wird anhand einer Aufzählung von acht bekannten Gefahrenquellen zunächst versucht, für die konkreten Probleme dieser neuen Technik ein Verständnis zu wecken. Dabei wird jeweils das Bedrohungspotenzial aufgeführt und ein kurzer Hinweis auf potenzielle Lösungsstrategien gegeben:

  - Vernachlässigung einzuholender Einwilligung,
  - Fehlende Vertraulichkeit übermittelter Inhalte,
  - Fehlender Schutz vor Veränderung,
  - Keine sichere Authentifizierung der Kommunikationspartner,
  - Fehlende Verbindlichkeit übermittelter Inhalte,
  - Fehlende Garantie für Verfügbarkeit,
  - Unzureichende Standardisierung der Inhalte,
  - Gefahrenquellen für Angriffe auf Bestandsdaten.

[71] Das Merkblatt „Rahmenbedingungen zur Online-Übertragung ärztlicher Daten" wurde im Landesrundschreiben 1/1997 der Kassenärztlichen Vereinigung Bayerns an alle Vertragsärzte und Vertragstherapeuten in Bayern versandt. Es kann eingesehen werden im Internet unter http://www.kvb.de -> „EDV in der Arztpraxis" -> „Rahmenbedingungen für Online-Verfahren" (zuletzt geprüft 17.09.2000).

Nach dieser Aufzählung werden „offener“ und „gesicherter“ E-Mail-Versand einander gegenüber gestellt und dabei festgehalten, dass in jedem Fall die Übermittlung von personenbezogenen Patientendaten ohne zusätzliche Verschlüsselung als Bruch der ärztlichen Schweigepflicht abzulehnen ist.

Für gesicherte Verfahren hat demgegenüber zu gelten, dass „harte“, sichere kryptographische Verfahren einzusetzen sind und dass eine entsprechende Realisierung immer im persönlichen Verantwortungsbereich des zur ärztlichen Schweigepflicht Verpflichteten ist und nicht einfach anderen überlassen werden darf.

In diesem Zusammenhang wird auch auf die Notwendigkeit der spezifischen Sicherung von lokalen Bestandsdaten hingewiesen, der neben der Sicherung übermittelter Daten besondere Aufmerksamkeit zu widmen ist.

Als wesentlich für eine solche Übermittlung von personenbezogenen Patientendaten wird die Einholung der „wirksamen“, d.h. rechtsgültigen Einwilligung der Patienten herausgehoben. Diese wirksame Erklärung wird dabei durch drei Merkmale qualifiziert, indem sie immer genau, umfassend und abschließend bezeichnen muss: a) „**wer**“ darf b) „**was**“ c) zu „**welchem Zweck**“ erhalten.

Schließlich werden noch sieben Leitlinien für den E-Mail-Versand von personenbezogenen Patientendaten schlagwortartig aufgelistet, indem jeweils wieder Gefahrenquelle und Lösungsansatz einander gegenüber gestellt werden:

- Effektiver Datenschutz angeschlossener Client-Systeme,
- Einholung wirksamer Einwilligung,
- Kennzeichnung der Zweckbindung im Datenkontext,
- Nutzung „adressierter Vertraulichkeit“,
- Sicherstellung der Integrität übermittelter Daten,
- Überprüfung der Validität übermittelter Daten,
- Kritischer Umgang mit mehrfach-genutzten Patientendaten.

Die Inhalte dieses Merkblatts werden u.a. als Grundlage für die Darstellung relevanter Risiken (s. Abschnitt 5.2, Seite 72) und Ansätze zur Optimierung von Möglichkeiten und Risiken (s. Abschnitt 5.5, Seite 101) in diesem Buch herangezogen.

- **Juli 1999, Klinische Nutzung von E-Mail. Empfehlungen der Arbeitsgruppe „Internet" der Deutschen Gesellschaft für Medizinische Informatik, Biometrie und Epidemiologie e.V.[72].**

  Diese Empfehlungen der „Deutschen Gesellschaft für Medizinische Informatik, Biometrie und Epidemiologie e.V." (**GMDS**) für Rahmenbedingungen zur Nutzung elektronischer Post durch Patienten, Kliniken und Einrichtungen der Gesundheitsversorgung in Deutschland stehen im Kontext einer ganzen Reihe weiterer Stellungnahmen und Empfehlungen der GMDS-Arbeitsgruppe „Datenschutz in Gesundheitsinformationssystemen"[73], die im Wesentlichen mit einem stationären Fokus entwickelt wurden und daher nur bedingt auf den ambulanten Sektor übertragen werden können.

  In den Empfehlungen zur klinischen Nutzung von E-Mail werden, nach einer kurzen Einleitung mit Hinweisen zur Vertraulichkeit und zur Notwendigkeit des gegenseitigen Einverständnisses der Kommunikationspartner und des Betroffenen, insgesamt 21 Regeln vorgestellt, mittels derer elektronische Kommunikation personenbezogener Patientendaten sicherer, vertrauenswürdiger und zuverlässiger erfolgen können. Dabei wechseln teils sehr allgemein gehaltene Aufforderungen (wie z.B. „Informieren Sie sich selbst über die technischen Grundlagen") mit sehr spezifischen (wie z.B. „Nutzen Sie die 'Subject'-Zeile"), deren wirksame und flächendeckende Umsetzung insgesamt fraglich erscheint.

---

[72] Internet-Quelle: GMDS: Klinische Nutzung von E-Mail, Empfehlungen der Arbeitsgruppe „Internet" der Deutschen Gesellschaft für Medizinische Informatik, Biometrie und Epidemiologie e.V. (GMDS), 8. Juli 1999: http://www.med.uni-muenchen.de/ibe/internet/em_email.htm (zuletzt geprüft 17.09.2000).

[73] Hierzu zählen u.a.: „Allgemeine Grundsätze für den Datenschutz in Krankenhausinformationssystemen", März 1994, „Sicherheitsempfehlungen zum Internet-Anschluß von Krankenhäusern", April 1998, „Sicherheitsempfehlungen zu Modem-Verbindungen im Krankenhaus", Oktober 1998, „Datenschutz und Datensicherheit in Informationssystemen des Gesundheitswesens", Februar 1999 und „Zugriff auf Patientendaten im Krankenhaus", April 1999. Internet-Quelle: GMDS: Stellungnahmen und Empfehlungen der Arbeitsgruppe „Datenschutz in Gesundheitssystemen" der Deutschen Gesellschaft für Medizinische Informatik, Biometrie und Epidemiologie e.V. (GMDS): http://info.imsd.uni-mainz.de/AGDatenschutz (zuletzt geprüft: 17.09.2000).

Ausdrücklich wird festgehalten, dass personenbezogene Daten mittels stärkster Kryptographie vor unberechtigtem Zugriff und Veränderung geschützt werden müssen. In diesem Zusammenhang wird auch auf die Notwendigkeit elektronischer Unterschriften hingewiesen, da die Urheberschaft von Nachrichten zweifelsfrei nachweisbar sein muss und Absenderadressen leicht gefälscht werden können.

Bislang wurden diese Empfehlungen noch nicht von der AG „Datenschutz in Gesundheitssysteme" der GMDS angenommen und sollen im Sinne eine Präzisierung und Abstimmung mit anderen Ansätzen weiterentwickelt werden.

- **Oktober 1999, „Einbecker Empfehlungen" zu Rechtsfragen der Telemedizin. Empfehlungen der Deutschen Gesellschaft für Medizinrecht (DGMR) e.V.**

Die renommierte Einbecker Fachtagung der Deutschen Gesellschaft für Medizinrecht hat im Herbst 1999 Rechtsfragen zur „Telemedizin" behandelt und eine Reihe von 20 Empfehlungen herausgegeben. Neben seinem unzweifelhaften Ruf ist diesem Forum besondere Bedeutung zuzuordnen, da hier die Meinungsbildung der Rechtsberaterkonferenz des Bundes und der Länder artikuliert wird, die in der Folge vielfach in Gesetze, Vereinbarungen und Vorgaben umgesetzt wird.

Ohne alle aufzuzählen, sind, neben einer Definition des Begriffs „Telematik" und der Feststellung der Eignung von telemedizinischen Dienstleistungen für den sektorübergreifenden Einsatz des Gesundheitswesens, im Fokus dieses Buches wesentliche, zum Teil auch äußerst innovative Thesen der Empfehlungen:

- bessere Verfügbarkeit von Spezialwissen und stärkere Einbindung des Patienten in den Behandlungsprozess im Sinne eines „informed consent",
- Modifikation des Prinzips der „persönlichen Leistungserbringung", wenn keine nennenswerten Defizite zum unmittelbaren Arzt-Patientenkontakt zu erwarten sind,
- Fernbehandlungen im Sinn von telemedizinisch aus der Ferne dominierten Eingriffen sind unzulässig,
- Forderung nach harmonisierten Standards, Vergütungsmodellen für telematische Dienstleistungen, staatsvertragliche Regelung telemedizinischer Haftungsrechte, besondere Kodifikation zum Schutz von Gesundheitsdaten,

- Verankerung des Grundsatzes der Methodenfreiheit des Arztes auch in der Telemedizin,
- Beschränkung übermittelter Datenmengen gemäß Minimalprinzip unter Einsatz von Anonymisierung und Pseudonymisierung.

Zwischenbilanz:

Gerade in der hier verwendeten Chronologie offenbart die vorstehende Sammlung von Empfehlungen und Richtlinien eine, den Trend der Zeit nachzeichnende, Entwicklung vom Allgemeinen hin zum Konkreten. Dabei fallen die von Jäckel im Vorwort zum Telemedizinführer 2000 zitierten drei Ebenen des Verstehens ein [Jäckel 1999:6]:

> „In der ersten Phase lernt man die Fakten, Sachzusammenhänge und den korrekten Gebrauch der Fachvokabularien. Man weiß wovon man spricht. In der zweiten Phase erkennt man ganze Konzepte in Relation zum thematischen Umfeld und kann korrekt beurteilen, worin sich der eine Ansatz vom anderen unterscheidet. Allein die dritte Phase erlaubt aus einer profunden und umfassenden Sachkenntnis heraus die Beurteilung und Bewertung konkurrierender Ansätze, aus der heraus der Verstehende sich seine eigenen Überzeugungen bildet und nunmehr zum Akteur wird, um eigene Akzente zu setzen."

Erste Arbeiten legten mehr Gewicht auf die Präsentation existenter Rechtsgrundlagen und auch auf die Funktionsbeschreibung damals neuer, technischer Methoden. Der darin gepflegte, explorative Umgang mit dem Thema konnte jedoch dabei nur wenig auf einfache, vom Anwender umsetzbare Empfehlungen hinweisen.

Spätere Arbeiten geben dem Anwender und Nutzer einen deutlich konkreteren Überblick, immer mehr sogar verbunden mit verständlichen und umsetzbaren Handlungsempfehlungen, die sogar technische Neuentwicklungen aufzeigen.

Schließlich werden der Einfluss telematischer Methoden auf künftige Organisationsstrukturen anerkannt und dafür leitlinienhafte Empfehlungen mit weichenstellendem Charakter für das Gesundheitswesen zur Abstimmung vorgeschlagen.

Dabei ist für die Zukunft von besonderer Bedeutung, dass der Einfluss der telematischen Entwicklung auf Organisationsformen und Rechtsbeziehungen bei maßgeblichen Stellen inzwischen nicht mehr umstritten ist, sondern als aktiv strukturierende Kraft konkret anerkannt wird.

Dies wird am Beispiel des elektronischen Arztausweises für Deutschland deutlich unterstrichen durch ein Eckpunktepapier der „Kassenärztlichen Bundesvereinigung“ (**KBV**) zur vertrauenswürdigen Kommunikation im Gesundheitswesen vom Mai 2000[74] in dessen Begleitschreiben folgendes steht:

> „In den kommenden Modellversuchen wird es sich zeigen, in welchem Umfang die durchaus nicht triviale technische Umsetzung des Verfahrens zur Etablierung eines funktionsfähigen elektronischen Arztausweises voranschreiten kann. Davon wird es abhängen, in welchem Umfang sensible Patientendaten zukünftig sicher und vertrauenswürdig in offenen Netzen übertragen werden können.“

Es ist in dieser Sammlung genauso absehbar, dass unterschiedliche Einrichtungen zunächst unterschiedliche Richtungen bei der Einführung der neuen IT beschreiten. Während dies nicht unerwartet kommt, begründet durch die unterschiedlichen Interessensschwerpunkte der einzelnen Akteure, wird gerade aus den letzten Arbeiten deutlich, dass eine Abstimmung nicht nur innerhalb der einzelnen Sektoren sondern darüber hinaus zwischen den jeweiligen Sektoren des Gesundheitswesens erfolgen muss.

[74] „Eckpunkte der Vertrauenswürdigen Kommunikation im Gesundheitswesen“, vom 16.05.2000 aus dem Referat „Kommunikationsstruktur, Datenaustausch, Krankenversichertenkarte“ der Kassenärztlichen Bundesvereinigung erhältlich von KBV, Köln. Dort wird ausgehend von einer Beschreibung der aktuellen, heterogenen Marktstruktur und dem damit verbundenen Dilemma des Kommunikationsszenarios die Notwendigkeit einer elektronisch verifizierbaren elektronischen Identität für Ärzte aufgezeigt. Als Lösung wird die Konzeption eines „Elektronischen Arztausweises“ und dessen in das Berufsrecht eingebundene Vergabe vorgeschlagen. Daran schließen sich jetzt mit Modellprojekten erste konkrete Schritte für die nächste Zukunft an.

5 Erarbeitung eines Sicherheitskonzepts

Ziel dieses Buches ist es, einen konkreten Beitrag zu leisten zur Entwicklung telematischer Sicherheitskonzepte für niedergelassene Ärzte zur Übermittlung personenbezogener Patientendaten. Dazu darf zunächst den Ansätzen von Ulrich folgend[75], ein so bezeichnetes Sicherheitskonzept nicht nur wirksame und transparent umsetzbare Aspekte der notwendigen Sicherheitskomponenten aufzeigen, sondern das Konzept sollte auf möglichst umfassenden, als „Systemdatenschutz" zu bezeichnenden, Grundsätzen aufgebaut sein. Dabei beruht das Konzept des Systemdatenschutzes auf dem eigentlich nahe liegenden Gedanken, schon in den frühesten Entwicklungsphasen schutzrelevante Funktionalitäten und Schutzprofile so als Parameter in den Ablaufprozess einzubringen, dass diese dann während der Implementierung und später im Rahmen von Zertifizierungsverfahren überprüfbar und hinsichtlich der Sicherheitsqualitäten bewertbar sind.

Diesem eher technisch geprägten Ansatz muss jedoch auch eine funktionell geprägte Sicht beigestellt werden, da einerseits unterschiedliche Akteure im Gesundheitswesen unterschiedliche Informationsbedürfnisse besitzen und andererseits die Schutzbelange der einzelnen Akteure ebenfalls divergent angelegt sind. Hieraus ergibt sich manchmal sogar ein Spannungsfeld zwischen den unterschiedlichen Ansprüchen, das sowohl im Konzept wie auch in der Praxis abgebildet werden muss. Die Konzeption von Sicherheitsregeln beruht in ihrer Basis somit auf operationalisierten Sicherheitszielen, die wiederum die Sicherheitspolitik der betroffenen Einrichtungen, d.h. ärztlichen Praxen, beschreiben. Diese Sicherheitspolitik muss lokalen (funktionsbezogenen) und übergreifenden (praxisbezogenen) Anforderungen Rechnung tragen.

5.1 Definition: „Sicherheitskonzept"

Ulrich geht von einer technologisch getragenen Grundsatzüberlegung aus: Werden im Sinne eines so definierten Systemdatenschutzes, die für die genannte Aufgabe notwendigen informationsverarbeitenden Systeme in

[75] Hier wird wieder Bezug genommen auf: Ulrich O.: „Protection Profile" - ein industriepolitscher Ansatz für Förderung des „neuen Datenschutzes". In: Graue Reihe der Europäischen Akademie zur Erforschung von Folgen wissenschaftlich-technischer Entwicklungen, Bad Neuenahr-Ahrweiler, Band 17, November 1999, Seite 18 ff.

ihrer komplexen Gesamtheit betrachtet, so sind einige klassische, sicherheitsrelevante Einzelprozesse identifizierbar, in denen üblicherweise solche Daten, die zur Identifizierung eines Patienten geeignet sind, anfallen, bearbeitet und gespeichert werden:

- **Autorisierung**: Vergabe und Verwaltung von Berechtigungen zur Nutzung eines Systems.
- **Identifikation** und **Authentifikation**: Nachweisführung eines Benutzers über seine grundsätzliche Berechtigung zur Nutzung des Systems.
- **Zugriffskontrolle**: Prüfung der Berechtigung relativ zu der gewünschten / angeforderten Aktion / Funktion des Systems.
- **Protokollierung**: Festhalten von Aktionen mit Angaben zum Benutzer zum Zweck der Nachweisführung.

Grundsätzlich gilt, dass jene Technologie, die dafür gesorgt hat, dass personenbezogene Daten überhaupt gespeichert, genutzt und weitergegeben werden können, auch zur Wahrung der Privatheit des Einzelnen nutzbar gemacht werden kann. Für viele Einzelfunktionen eines IT-Systems ist die tatsächliche Identität des Patienten nicht erforderlich.

Der Systemdatenschutz steht dafür, dass schon bei der Konzeption von entsprechenden informationsverarbeitenden Systemen als Einheit und darüber hinaus für jeden Prozess einzeln untersucht wird, ob Daten zur wahren Identität des einzelnen Patienten zur Verfügung stehen müssen, oder eine anonyme oder pseudonyme Gestaltung (s. die Definitionen in Abschnitt 3.1, Seite 13 f.) in Frage kommt. So weit der Ansatz von Ulrich.

Im Sinne dieser Darstellung muss ein Sicherheits**konzept** darüber hinaus aber noch weitere Aspekte beschreiben, wenn die unterschiedlichen Akteure in der ärztlichen Praxis und ihre jeweils unterschiedlichen Übermittlungsinhalte oder Bedürfnisse berücksichtigt werden. Hierzu gehört, dass:

a) der Datenschutz nach Gesetzestext und Intention umfassend gewahrt bleibt,

   Zum Datenschutz haben sich im Laufe der gegenwärtigen Diskussion um die Sicherheit der Informationstechnik klare Schutzgüter herausgebildet, denen bei medizinischen Systemen höchste Bedeutung zukommt [Garstka 1999:782]:

   - Der Schutz der Daten, die der ärztlichen Schweigepflicht unterliegen, vor unbefugter Preisgabe (Gebot der Diskretion),

- der Schutz der Unversehrtheit der Daten, deren Veränderung zu schädlichen Folgen, bis hin zum Tod führen können (Gebot der Integrität),
- die Sicherstellung, dass die Daten tatsächlich von derjenigen Stelle stammen, der Vertrauen entgegengebracht wird (Gebot der Authentizität).

b) die Datensicherheit als Basis einer inhaltlichen Nutzung erhobener, verarbeiteter und gespeicherter Informationen gewährleistet ist,

Die inhaltliche Nähe des Begriffs des Datenschutzes zur Datensicherheit wird durch die vorstehende „Präzisierung" von Garstka vorweggenommen, auch wenn eine abschließende Definition im Sinne des IT-Grundschutz Handbuchs des „Bundesamts für Sicherheit in der Informationstechnologie" (**BSI**) eindeutig den daten-zentrierten Fokus als Schutz vor

- Verlust,
- Zerstörung oder
- Verfälschung

in den Vordergrund rückt (s. Definition, Abschnitt 3.1, Seite 12). Dies ist von unbestreitbar hoher Bedeutung in der ärztlichen Praxis, wo aus den erhobenen, verarbeiteten und gespeicherten Informationen diagnostische und therapeutische Konsequenzen abgeleitet werden müssen, an denen auch schon einmal ein Leben hängen kann.

c) die ärztliche Schweigepflicht gegenüber jedem externen Dritten eingehalten bleibt,

Die ärztliche Schweigepflicht gehört anerkanntermaßen zu den unentbehrlichen Berufspflichten des Arztes und dient nicht nur, wenngleich in erster Linie, dem Interesse des Einzelnen an seiner Geheimnissphäre, sondern auch dem Schutz der Allgemeinheit. Denn die Öffentlichkeit hat ein Interesse daran, dass das Vertrauen zwischen Arzt und Patient als Grundvoraussetzung des ärztlichen Wirkens nicht beeinträchtigt wird und sich Kranke nicht aus Zweifeln an der Verschwiegenheit des Arztes davon abhalten lassen, ärztliche Hilfe in Anspruch zu nehmen [Ulsenheimer 1999:202].

Daraus ergeben sich zu bewertende Beziehungen zu:

- Schweigepflicht unter Ärzten (konkludente Einwilligung bei Behandlern, explizite Einwilligung bei Konsiliarien)

- internes und externes Fachpersonal (intern weisungsgebundene Verantwortlichkeit, extern nur insoweit Patienteninteresse überwiegt mit Verpflichtung auf Datengeheimnis)
- Schweigepflicht bei jeder Übermittlung (Nichthinderung des Einblicks kommt unbefugter Offenbarung gleich)

d) und eine umfassende Wahrung von Patientenrechten somit realisiert wird.

„Der Arzt als Anwalt des Patienten" gilt als geflügeltes Wort. Durch diesen Aspekt bekommt der ärztliche Auftrag eine zusätzliche Dimension. Ähnlich wie es für das physische und psychische Wohl des Patienten gilt, muss es künftig zur ärztlichen Kunst gehören, auch im Einsatz von informationstechnischen Methoden das Wohl des Patienten vorn anzustellen, sowohl in der Durchführung wie auch in Beschränkung von IT-Methoden.

Dieser Ansatz gewinnt zusätzliche Bedeutung durch die Tatsache, dass Computer oder Datenverarbeitung für viele Menschen (noch) nicht transparent sind, d.h. dass diese Konsequenzen oder Auswirkungen einer bestimmten Speicherung, Verarbeitung oder Übermittlung nicht immer zuverlässig beurteilen können. Während ein Patient als „Herr seiner Daten" zwar dies alles genehmigen und dadurch „rechtmäßig" machen könnte, muss der Arzt dafür sorgen, dass dies auch wirklich zum Wohl des Patienten geschieht und von diesem verstanden wird.

Diese Zusammenstellung macht deutlich, dass ein Sicherheitskonzept nicht als monolithischer Block ex juvantis geschaffen oder gar einfach und abstrakt definiert werden kann. Ein realistisches, bedrohungsadäquates und transparentes Sicherheitskonzept besteht immer aus einer vielschichtigen aber messbaren Leitlinie zur Realisierung der vorgenannten Punkte.

5.1.1 Formen der Vertraulichkeit

Es hat sich in vielen Diskussionen und Präsentationen, wie auch in der konkreten Entwicklung sicherheitsspezifischer Protokolle[76] als nützlich

[76] Dies folgt der einleitenden Abgrenzung des „Health Care Professionals' Protocol", dem sog. HCP-Protokoll, einem gemeinsamen Förderprojekt der Kassenärztlichen Vereinigung Bayerns und der Bayerischen Landesärztekammer für einen konsensfähigen und offengelegten Standardisierungsvorschlag zur Online-Übermittlung von personenbezogenen Patientendaten. Informationen hierzu fin-

. . .

erwiesen, den Begriff der „Vertraulichkeit" noch näher zu unterscheiden im Hinblick auf die Zielrichtung der anzusprechenden bzw. der auszugrenzenden Personen oder Einrichtungen. Hierzu wird beim Austausch von personenbezogenen Patientendaten eine „adressierte", „gerichtete" oder „indirekter" bzw. „kombinierter" Vertraulichkeit unterschieden.

- In diesem Sinne bezeichnet **„adressierte" Vertraulichkeit** die Herstellung der Vertraulichkeit in einer solchen Form, dass nur ein dem Sender als **Person** bekannter und authentifizierter Empfänger den Inhalt einer Nachricht persönlich zur Kenntnis nehmen kann (z.B. eine E-Mail an „Dr. Hubert Müller").

- Hingegen bezeichnet **„gerichtete" Vertraulichkeit**, die Herstellung einer Vertraulichkeit so, dass eine dem Sender als **abgeschlossene Einheit** namentlich bekannte und authentifizierte Einrichtung des Gesundheitswesens den Inhalt einer Nachricht zur Kenntnis nehmen kann. Dabei ist vom Sender weder bezeichnet noch bestimmt, welche Person in dieser Einrichtung die bezeichnete Nachricht letztendlich „eröffnet" und zur Kenntnis nimmt (z.B. eine E-Mail an die „III. chirurgische Abteilung im Klinikum der Universität").

- Die letzte Form der Vertraulichkeit ist die **„indirekte" bzw. „kombinierte" Vertraulichkeit**. Bei dieser Kommunikationsform sind dem Sender weder Empfänger noch Empfangseinrichtung zum Zeitpunkt des Versands bekannt, lediglich deren Rolle. Der konkrete Empfänger wird erst durch die freie Wahl des Patienten bestimmt. Somit wirken hier i.d.R. **zwei** vertraulichkeits-bestimmende Faktoren zusammen. Damit eine Vertraulichkeit so hergestellt werden, dass nur ein vom Patienten gewählter, authentifizierter Vertreter einer bestimmten Rolle im Gesundheitswesen eine bestimmte Nachricht zur Kenntnis nehmen kann (z.B. ein elektronisches Rezept, das nur der vom Patienten gewählte Apotheker „lesen" kann).

Diese grundsätzliche Unterscheidung ist deshalb von besonderer Bedeutung, da für die konkrete Realisierung der Sicherheitsinfrastruktur auch unterschiedliche technische und organisatorische Ansätze in Frage kommen.

---

den sich im Internet unter http://www.hcp-protokoll.de (zuletzt geprüft: 17.09.2000).

5.2 Darstellung relevanter Risiken

Wie bereits in der Zielsetzung (s. Abschnitt 2, Seite 7) festgehalten, soll in diesem Buch der Schwerpunkt auf jene Sicherheitsbelange gelegt werden, die sich speziell aus der **Telematik** im Gesundheitswesen für niedergelassene Ärzte ergeben, d.h. bei der Übermittlung personenbezogener Patientendaten, bzw. wo sich aus anderen, im Sinne dieses Buches neutralen Übermittlungsvorgängen Gefahren ergeben für die Vertraulichkeit, Integrität oder Sicherheit von gespeicherten und selbst nicht übermittelten Patientendaten. Aus dieser Eingrenzung lassen sich relevante Risikobereiche in drei völlig unterschiedlichen Richtungen ableiten:

- Zunächst ist nicht jede praktisch mögliche oder sachlich wünschenswerte Übermittlung personenbezogener Daten auch rechtmäßig,
- dann könnten übermittelte Daten und Informationen selbst aktiv (verändernd) oder passiv (lauschend) angegriffen werden,
- und schließlich kann ein genutzter Übermittlungskanal andere Angriffswege auf sonstige, nicht übermittelte Daten eröffnen.

5.2.1 Gefahren aus fehlender Rechtsgrundlage

Aus Sicht der niedergelassenen Ärzte können folgende Gefahren die grundsätzliche Rechtmäßigkeit von Online-Übermittlung personenbezogener Patientendaten in Frage stellen:

a) **E-Mail-Versand, bzw. Übermittlung ist einfach, manchmal allzu einfach.**

Es ist viel zu leicht, eine elektronische Übermittlung von Patientendaten ohne geeignete Rechtsgrundlage zu veranlassen, insbesondere da heute schon vielfach vergleichbare Daten papiergebunden versandt werden. Trotzdem, der Versand papiergebundener Informationen ist nicht in jedem Falle übertragbar auf elektronische Medien, d.h. der alleinige Analogieschluss aus konventioneller, papiergebundener Übermittlung ist nicht zulässig.

Grundsätzlich gilt, jede Datenverarbeitung und -übermittlung von personenbezogenen Patientendaten ist verboten, sofern sie nicht ausdrücklich durch eine gesetzliche Vorschrift angeordnet oder durch eine wirksame Einwilligung des Inhabers der Daten - meist den Patienten - ausdrücklich gestattet wird. Der Patient kann als „Herr" seiner Daten eine wirksame Willenserklärung als Rechtsgrundlage für eine Übermittlung abgeben, indem er bezeichnet a) **wer**, b) **was**, c) **zu welchem Zweck** erhalten darf.

b) **Informationen können mehreren Betroffenen „gehören".**

In vielen medizinischen Dokumenten finden sich neben objektivierbaren Daten eines Patienten, auch Niederschriften eigener oder fremder, subjektiver Bewertungen. Es ist eine anerkannte Tatsache, dass solche subjektive Beurteilungen, Anmerkungen oder daraus abgeleitete Schlussfolgerungen Eigentum des Verfassers bleiben und nur dieser kann in deren Übermittlung einwilligen.

Da keine Einwilligung des Patienten eine des Verfassers ersetzen kann, muss auch von diesem eine wirksame Einwilligung eingeholt werden, sofern er nicht selbst als Sender auftritt und damit implizit dies bestätigt. Da sich eine spätere Zuordnung der Urheberschaft oft als problematisch erweist, sollte die Urheberschaft immer im Datenkontext, sowohl bei der Speicherung wie auch bei der Übermittlung, abgelegt bzw. dokumentiert werden.

c) **Eine Einwilligung wird ex post facto eingeholt.**

Im Falle einer fehlenden gesetzlichen Rechtsgrundlage ist es leicht, eine Einwilligung zur Übermittlung als gegeben anzunehmen oder im Patientensinne einfach zu unterstellen. Während dies bei der Übermittlung von behandlungsrelevanten, spezifischen Informationen an einen weiteren Mitbehandler i.d.R. auch implizit angenommen werden darf, ist dies außerhalb des Behandlungsverhältnisses sicher nicht der Fall. Ein so entstehender Missstand ist auch durch eine nachträgliche Einwilligung nicht „zu heilen".

Der Bruch der ärztlichen Schweigepflicht bzw. des Datenschutzes stellt ein Antragsdelikt dar. Aus diesem Grund macht zwar eine nachträgliche Einwilligung einen solchen Antrag unwahrscheinlich, trotzdem wird dadurch der Betroffene seines Rechts der freien Willensentscheidung beraubt, was sich wiederum nachteilig auf das Vertrauensverhältnis und in Folge auf die Behandlungsbeziehung auswirken muss.

5.2.2 Gefahren aus direkter Datenübermittlung

Selbstverständlich kann die praktische Online-Übermittlung personenbezogener Patientendaten unterschiedliche Formen annehmen, z.B. Mail, File-Transfer oder Remote-Zugriff, jedoch wird im nachstehenden Abschnitt vereinfachend die elektronische Post, das sog. „E-Mail", prototypisch für alle diese Kommunikationsformen verwendet. Aus Sicht der niedergelassener Ärzte können insbesondere folgende Gefahren in der Übermittlung dieser Daten selbst liegen:

a) **Gefahren des Fax-Versands werden unterschätzt.**

So einfach und alltäglich Telefaxversand inzwischen ist, so wenig darf übersehen werden, dass es sich hierbei um eine digitale Datenübermittlung mit allen daraus resultierenden Rechtsfolgen handelt. Der Analogieschluss mit dem Briefversand ist unzulässig.

Weder analog auf „klassischen" Telefonleitungen noch digital mittels „Integrated Services Digital Network" (**ISDN**) übermittelt, ist ein Telefax kryptographisch wirksam gegen die Kenntnisnahme durch Dritte gesichert. Jedes Telefax kann unterwegs mit einfachen Mitteln „mitgelesen" werden. Während hierzu im Gesundheitswesen bislang keine Urteile vorliegen, bricht eine solche Übermittlung mindestens die ärztliche Sorgfalts- wenn nicht gar die ärztliche Schweigepflicht. Hinzu kommt, dass auch die irrtümliche Übermittlung an unberechtigte Dritte immer wieder aufgrund menschlichen Versagens vorkommt.

Bis zur flächendeckenden, freien und erschwinglichen Verfügbarkeit von Telefaxendgeräten mit wirksamer Verschlüsselung sollte von der Übermittlung von personenbezogenen Daten im Gesundheitswesen grundsätzlich abgesehen werden. Sofern eine solche Übermittlung aufgrund von therapeutischen Überlegungen oder Zeitgründen dennoch im Interesse des Patienten liegt, sollten die Informationen ohne Patientenbezug übermittelt und dieser möglichst mittels eines anderen Mediums hergestellt werden.

b) **Einfaches E-Mail garantiert keine Vertraulichkeit der übermittelten Inhalte.**

Werden elektronische Nachrichten, wie heute meistens üblich, ohne besondere Sicherheitsmaßnahmen übermittelt, kann durch jede Übertragungsstelle oder in jedem Zwischenrechner der gesamte Inhalt einer E-Mail mitgelesen oder aber unbemerkt kopiert werden.

Als Konsequenz gilt, dass eine Übermittlung personenbezogener Patientendaten, genauso wie auch die Übermittlung eigener oder fremder vertraulicher Informationen mittels E-Mail grundsätzlich abzulehnen ist und nur mit zusätzlichen Sicherungsmechanismen als vertretbar beurteilt werden kann. Festzuhalten gilt ferner, dass bei einfacher E-Mail-Übertragung die Einhaltung der ärztlichen Schweigepflicht generell nicht sichergestellt werden kann.

c) **Heute gängige, einfache E-Mail-Protokolle schützen übermittelte Informationen nicht gegen Veränderung.**

Wer auf dem Wege einer ungeschützten Übermittlung E-Mails lesen und kopieren kann, könnte diese auch abfangen und entsprechend geänderte Nachrichten an den Empfänger weiterleiten.

Aus diesem Grund gilt bei jeder E-Mail-Nachricht, dass der Empfänger diese auf Plausibilität und inhaltliche Richtigkeit prüfen muss und nie wirklich sicher sein kann, dass abgesandte und empfangene Nachrichten identisch sind. Wird eine erhöhte Verbindlichkeit oder gar eine Justiziabilität der übermittelten Daten angestrebt, so muss in jedem Fall auf zusätzliche Sicherungsmechanismen zurückgegriffen werden.

d) **Bei heute gängigen, einfachen E-Mail-Verfahren kann von keiner garantierten Erkennbarkeit des Senders oder Empfängers ausgegangen werden.**

Aktuelle E-Mail Protokolle erlauben mit einfachsten Mitteln die beliebige Veränderung von Angaben wie Absender, Rückantwort-Adresse oder Empfänger jeder Nachricht. Keine E-Mail **muss** wirklich von dort stammen, von wo sie angibt herzukommen oder wirklich (nur) dort landen, wo sie der ursprüngliche Sender hingeschickt hat.

Auch hier gilt, dass bei jeder E-Mail-Nachricht der Empfänger diese auf Plausibilität und inhaltliche Richtigkeit prüfen muss und nicht „blind" darauf vertrauen kann. Auch hier können nur zusätzliche Maßnahmen eine sichere Erkennbarkeit von Sender und Empfänger garantieren.

e) **E-Mail bietet in der Regel keine Verbindlichkeit.**

Ohne zusätzliche Übermittlungsmechanismen könnte ein Sender den Versand und/oder ein Empfänger den Erhalt einer elektronischen Nachricht nachträglich abstreiten oder auch verschleiern.

Daraus lässt sich ablesen, dass heute noch E-Mail für die Abwicklung von Rechtsgeschäften ohne zusätzliche Sicherungsmaßnahmen nicht einsetzbar ist. Zur Herstellung der sog. Nicht-Abstreitbarkeit des Versands oder des Empfangs werden von der Industrie zwischenzeitlich mehrere unterschiedliche Verfahren angeboten, die jedoch nicht regelmäßiger Bestandteil üblicher E-Mails sind.

f) **Obwohl zunehmend verlässlich, bietet E-Mail-Versand keine garantierte Verfügbarkeit.**

Alle E-Mail-Provider setzen zunehmend verlässliche Techniken ein, trotzdem kann nie davon ausgegangen werden, dass eine Nachricht zu jeder Zeit in erwartet üblicher Geschwindigkeit übermittelt und empfangen wird. Im Gegenteil, die Praxis zeigt, dass immer wieder aufgrund technischer Probleme, unvorhersehbar Nachrichten tagelang „liegen bleiben“ oder sogar ohne Hinweis unterwegs unwiederbringlich „verloren“ gehen.

Aus diesem Grund muss der Sender jeder wichtigen Nachricht selbst dafür Sorge tragen, dass der beabsichtigte Empfänger die Nachricht auch wirklich erhalten hat. Insbesondere bei zeitkritischen Nachrichten, sollte der Sender auf einem anderen Kommunikationsmedium den Versand einer Nachricht vorher ankündigen oder sich den Eingang nachher bestätigen lassen.

g) **Als weiteres Problem gilt die unzureichende Standardisierung transportierter Inhalte oder mitgesandter Dateien.**

Schon die Übermittlung eines einfachen Briefs aus der Textverarbeitung zeigt, wie unterschiedlich eingesetzte Systeme sind. Ohne konkrete Absprachen über Programm und Version kommt es immer wieder vor, dass abgesandte Nachrichten vom Empfänger nicht mehr „gelesen“ oder in dessen Computersystem übernommen werden können. Bei komplexeren Nachrichten, insbesondere bei der Übermittlung von Gesundheitsdaten, wird dieses Problem nochmals um Dimensionen problematischer.

Aus diesem Grund müssen sich heute noch Sender und Empfänger in der Regel über Datenaufbau und -inhalt immer im Vorhinein verständigen, ehe sie einander elektronische Informationen übermitteln.

5.2.3 Gefahren aus sonstiger, indirekter Datenübermittlung

Schließlich leitet sich noch ein wesentlicher, weiterer Aspekt aus der Tatsache ab, dass durch die Inbetriebnahme einer beliebigen Kommunikationsleitung nicht nur die übermittelten Informationen betroffen sind, sondern dass sich hieraus der Charakter der bisher eigenständigen Rechnereinheit (stand-alone), oder des örtlich abgeschlossenen Rechnerverbunds, eines „Local Area Networks“ (**LAN**) grundlegend ändert. Festzuhalten ist, dass jede Datenleitung eine neue „Pforte“ darstellt, die grundsätzlich über die beabsichtigten Zwecke hinaus genutzt werden kann und somit ein eigenes, neues Bedrohungspotenzial auch für nicht übermittelte, lokal gespeicherte Daten darstellt.

Aus Sicht der niedergelassener Ärzte können sich folgende Gefahren für lokal gespeicherte personenbezogene Patientendaten aus der Online-Übermittlung anderer Nutzdaten ergeben. Dabei ist unerheblich, ob die übermittelten Daten selbst noch einen Patientenbezug aufweisen oder nicht:

a) **Jede Anbindung eine Datenfernübertragung stellt einen potenziellen Angriffspfad auf alle Daten der angeschlossenen Rechner dar.** (Genauso beim Sender wie auch beim Empfänger!)

   Übliche DFÜ-Verbindungen, mit gängigen Protokollen können mehrere unterschiedliche Kommunikationsformen gleichzeitig unterstützen. So ist es möglich, gleichzeitig Nachrichten zu empfangen, während auf Veranlassung eines dritten Kommunikationspartners über einen anderen Kanal Daten gesendet werden. So entstehen vielfache Bedrohungen für sensible ärztliche Daten, die auf den Rechnern des Senders oder des Empfängers gespeichert sind, auch wenn diese selbst nicht (absichtlich) übertragen werden.

   Grundsätzlich dürfen daher ohne zusätzliche Vorsichtsmaßnahmen, wie z.B. einer Firewall, keine Datenleitungen von oder zu Rechnern aufgebaut werden, auf denen personenbezogene Patienten- oder sonstige vertrauliche Daten gespeichert sind. So sollte z.B. das Surfen im Internet sog. Stand-Alone-Rechnern vorbehalten bleiben. Eine andere Alternative bildet die Komplettverschlüsselung von Bestandsdaten, sofern ein ausreichend „harter" Schlüssel verwendet und auf einem nicht-auslesbaren Medium gespeichert wird.

b) **Ausführbare Dateien stellen eine Gefährdung lokaler Daten im Sinne von Viren und Trojanern dar.**

   Unabhängig davon, ob diese mittels Fernübertragung, Herunterladen oder anderen Methoden (z.B. Diskettenkopie) auf die lokalen Speichermedien gelangen, können grundsätzlich alle ausführbaren Daten selbst wieder eine eigene Bedrohung im Sinne von Viren[77] oder Tro-

[77] Viren sind kleine Programme, die in der Lage sind, sich selbständig zu vervielfältigen, unter Ausnutzung von Befehlen, die ein Betriebssystem oder anderes Programm zur Verfügung stellt. Dabei können diese Programme weitere, i.d.R. schädliche Funktionen, wie z.B. die Löschung, Veränderung oder Ausspähung von Datenbeständen, ausführen.

janern[78] entwickeln, indem sie andere lokal gespeicherte Daten verändern, löschen oder gar ausspähen helfen. Ebenfalls gefürchtete Effekte solcher Programme können sog. „denial of service" Angriffe sein, bei denen die Ausführung einer bestimmten, gewünschten Programmfunktion gezielt verhindert wird.

Grundsätzlich muss jedes Speichermedium in regelmäßigen Abständen von einer aktuellen Version eines Anti-Viren-Programms geprüft werden. Dies gilt besonders nach jedem Aufbau einer Datenübermittlung, auch dann, wenn keine neuen Dateien bewusst oder aktiv abgespeichert wurden. Es werden immer neue Viren und Trojaner entwickelt. Aus diesem Grund muss ein solches Such- und Entfernungsprogramm auch immer auf dem aktuellsten Stand sein, damit kein Anschein einer Sicherheit vorgegaukelt wird, wo in Wirklichkeit schon längst keine mehr gegeben ist.

c) **Fernwartung ist für Endanwender fast nicht kontrollierbar.**

Aus Kosten- und Servicegründen bieten viele Firmen Verträge zur Fernwartung für aktuelle Praxiscomputer-Systeme an. Gerade hier entstehen für gespeicherte Patientendaten vielfache und meist nicht zu kontrollierende Gefahren. Zwar berufen sich viele Systemhäuser auf Schweigepflichtserklärungen zwischen Arzt und Wartungspersonal, jedoch binden diese Verträge lediglich zivilrechtlich und erleichtern den Regress bei angezeigtem Missbrauch. Einem evtl. entstehenden Bruch der ärztlichen Schweigepflicht helfen sie jedoch nicht ab.

Andere Ansätze berufen sich auf die doch vorhandene Kontrollmöglichkeit des Arztes, der jede Sitzung überwachen und bei unberechtigtem Zugriff abbrechen könnte. Es ist jedoch leider eine Tatsache, dass dafür die technischen Kenntnisse der Betriebssysteme und Netzwerke vielfach in der ärztlichen Praxis fehlen. Hinzu kommt, dass bei heutigen Übertragungsraten ein Schaden schon lang entstanden sein kann (z.B. eine Datei kopiert), bis der Überwacher überhaupt eine Chance zu reagieren hatte.

[78] Trojaner sind Programme, die angeblich einen bestimmten Zweck erfüllen oder zu erfüllen versprechen, hingegen in Wirklichkeit, meist nebenher, einen ganz anderen, i.d.R. schädlichen Zweck verfolgen, wie z.B. die Weiterleitung von Passwortdateien oder die unbemerkte Protokollierung von Tastatureingaben.

Entgegen vielen Herstellerangaben ist nur in äußerst seltenen Fällen wirklich ein Zugriff auf die echten Patientendaten einer Praxis technisch gesehen wirklich unausweichlich. Dafür sollte ein Techniker vor Ort gerufen, schriftlich zur Verschwiegenheit verpflichtet und dessen Arbeit protokolliert werden. Vor Arbeiten der Fernwartung hingegen sollten Patientendaten entfernt (z.B. mittels Wechselplatte) oder sonst wirksam unzugänglich gemacht werden (z.B. durch Trennung vom Computernetz). Die Wartungsarbeiten können dann mit Testdaten durchgeführt werden. Ein Rückrufverfahren[79] beim Schalten der Fernwartungsleitung kann darüber hinaus sicherstellen, dass sich auch wirklich nur bekannte und autorisierte Techniker einwählen. Grundsätzlich darf gegenwärtig jeder DFÜ-Zugang nur zeitlich sehr begrenzt durch die Praxis aktiviert werden.

Insgesamt ist festzuhalten, dass eine systematische und genaue Analyse vielfältige und vielschichtige Bedrohungen identifizieren kann, die sich aus Online-Verfahren ergeben. Diese dürfen den Einsatz telematischer Methoden jedoch nicht verhindern, sondern es ist das Ziel eines Sicherheitskonzepts diesen wirksam zu begegnen.

5.3 Überprüfung vorhandener Methoden

Ausgehend von einer Rückbesinnung auf die ursprüngliche Abgrenzung der Begriffsbestimmung „Telekommunikation + Informatik" in der Zielsetzung dieses Buches lassen sich verschiedene, grundsätzlich unterschiedliche Ansätze für die Herstellung telematischer Sicherheit unterscheiden.

[79] Rückrufverfahren, auch „Call-Backs" genannt, werden oft herangezogen, den Verbindungsaufbau über öffentliche Wählnetze zu sichern.
Der Anrufer wählt dabei eine ihm bekannte Zielstelle an und gibt sich dieser mit einem „Geheimnis" (z.B. Kennung oder Passwort) zu erkennen. Die Zielstelle beendet die Kommunikation sofort wieder und schließt die Leitung. Es werden keine sonstigen Daten übermittelt. Anschließend ermittelt die Zielstelle anhand eines lokal gesicherten Verzeichnisses die Nummer des Anrufers, wählt diesen jetzt selbst an und gibt sich wiederum durch ein „Geheimnis" zu erkennen. Erst wenn dieses zweite Geheimnis sowie auch die Tatsache, dass der Anrufer eine Kommunikation angefordert hat, beide übereinstimmen, werden erste Nutzdaten ausgetauscht.

Welche Unterbegriffe oder Funktionen können von dem Konzept der „Sicherheit" also grundsätzlich betroffen sein? Hier lohnt sich die Unterscheidung von **Anwendungssicherheit** bei „Bestandsdaten" und **Kommunikationssicherheit** bei „Bewegungsdaten" [Blobel 2001]:

- Anwendungsdaten umfassen alle Informationen im Bestand eines Rechnersystems oder elektronischen Archivs, das als Einheit in einer vertrauenswürdigen Umgebung durch einen Verantwortlichen betrieben wird.
- Kommunikationsdaten hingegen sind alle jene Informationen, die zwischen zwei dieser eigenständigen Systemumgebungen ausgetauscht, d.h. zwischen zwei Anwendern „bewegt" werden.

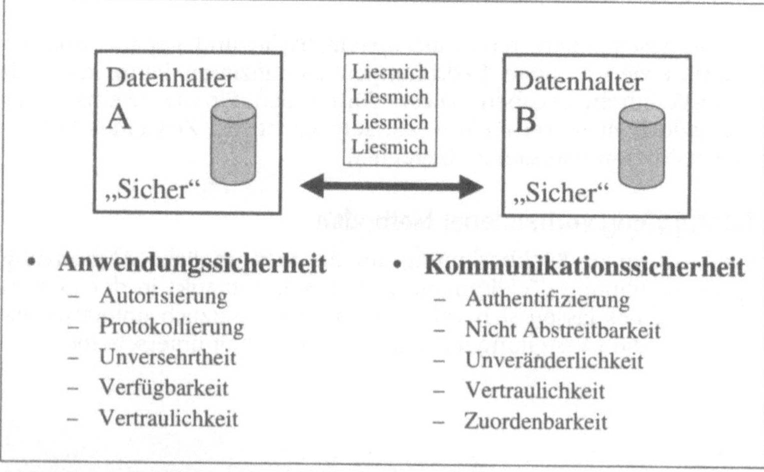

Abbildung 4: Allgemeines Sicherheitsmodell

Für jede dieser Datenarten können unter dem Sicherheitsaspekt unterschiedliche Anforderungen identifiziert werden. Werden alle genannten Faktoren konsolidiert und ihrem jeweiligen Lösungsansatz gegenüber gestellt so wird deutlich, dass für Bestandsdaten manche Anforderungen gelten, die nur mit den Mitteln einer guten Organisation sichergestellt werden können.

Authentifizierung	→	Asymmetrische Kryptographie
Autorisierung	→	Organisation
Nicht Abstreitbarkeit	→	Quittungen
Protokollierung	→	Organisation
Unveränderlichkeit	→	Allgemeine Kryptographie

Unversehrtheit	→	Allgemeine Kryptographie
Verfügbarkeit	→	Organisation
Vertraulichkeit	→	Allgemeine Kryptographie
Zuordenbarkeit	→	Asymmetrische Kryptographie

Es ist hingegen für die aktuelle Betrachtung sehr vorteilhaft, dass die Lösungsansätze zur Sicherheit für die Kommunikationsdaten nicht auf organisatorischen Aktivitäten beruhen müssen, sondern dass sie alleine durch die Techniken der Kryptographie (Verschlüsselung) abgewickelt werden können. Online-Sicherheit mittels Kryptographie ist also möglich.

Die Kryptographie ist aber dabei nur ein Werkzeug der Sicherheitstechnik, das die unterschiedlichen Beteiligten einer Kommunikation in Absprache miteinander einsetzen müssen. Unter dem Blickwinkel der Beteiligten können wiederum unterschiedliche Kommunikationsformen unterschieden werden.

Zunächst einmal existiert der Begriff der „**Push-Technologie**". Hier werden Daten von einem Sender direkt an einen diesem bekannten Empfänger (z.B. „B") übermittelt. Dazu nimmt der Dateninhaber alle Informationen, die übermittelt werden sollen selbst in die Hand, hebt sie über den von ihm verwalteten Sicherheitsmechanismus (z.B. eine Firewall) und übermittelt sie direkt an den beabsichtigten Empfänger. Alle anderen Dritten (z.B. die Angreifer „A") sollten durch die Sicherheitsmechanismen des Senders wirksam abgewehrt werden.

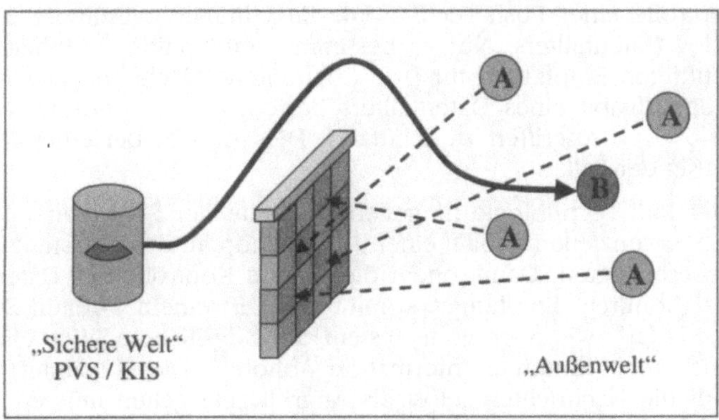

Abbildung 5: Beteiligte einer Push-Technologie

Eine „Pull-Technologie" funktioniert hingegen auf anderer Grundlage. Hier werden Daten lediglich „bereitgestellt" und von einem Empfänger „abgeholt". Dazu stellt der Sender Information, die er übermitteln will, in einer Schutzzone außerhalb seiner eigenen Datenverwaltung lediglich zur Verfügung. Das heißt, Informationen werden erst potenziell zur Verfügung gestellt und dann von einem anderen, dem Empfänger, konkret abgeholt. Somit wirkt neben dem Sender eine zweite Instanz, der Empfänger, an dieser Datenübertragung mit. Der Sender hat nicht mehr sämtliche Informationen oder sämtliche Mechanismen alleine in seiner Hand.

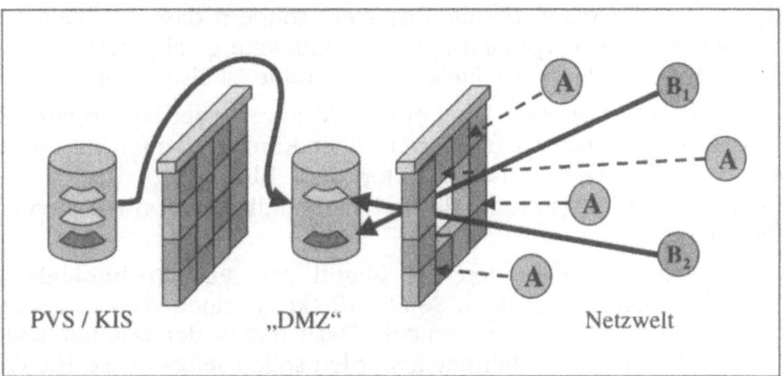

Abbildung 6: Beteiligte einer Pull-Technologie

Unter dem Aspekt notwendiger Sicherheitskonzepte kann aus diesem Vergleich festgehalten werden:

- Die Kontrolle einer Push-Technologie liegt immer vollständig in der Hand des Datenhalters. Nur er bestimmt den konkreten Inhalt und den konkreten Empfänger für jede übermittelte Nachricht. Das heißt, die Hauptaufgabe eines Datenhalters besteht darin, versandte Nachricht selbst vor Angriffen zu schützen. Dies ist z.B. bei einer E-Mail regelmäßig der Fall.
- Bei einer Pull-Technologie hingegen bestimmt der Datenhalter lediglich den potenziellen Inhalt einer Information und die potenziellen Zugriffsberechtigten. Damit endet die direkte Kontrolle des Datenhalters. Der konkrete Empfänger kommt dann in einem zweiten Schritt dazu und darf, wenn er vom System als Zugriffsberechtigt erkannt wird, sich eine konkrete Information abholen. Dies bedeutet, dass nicht nur die Nachrichten selbst als Angriffsziele gelten müssen, sondern auch die Bestandsdaten des Senders könnten ein zusätzliches Angriffsziel bilden.

  Jetzt mögen Kritiker einwenden: Der Empfang von E-Mail ist eigentlich eine Pull-Technologie, da der Empfänger diese aus seinem Mail-Server abholen muss.

> Der letzte, potenziell als „pull“ bezeichnete Schritt, kann strukturell vernachlässigt werden, wenn eine Transportverschlüsselung eingesetzt wird, da ein Sender seine Nachrichten so verschlüsseln kann, so dass sie nur der von ihm bezeichnete Empfänger eröffnen kann[80].

Es gilt also festzuhalten, dass eine Push-Technologie strukturell immer einfacher zu realisieren ist als jede Form einer Pull-Technologie. Aus diesem Grund sollte die Push-Technologie gegenwärtig im Vordergrund der Entwicklung stehen. Es liegt auf der Hand, dass insgesamt die unterschiedlichen Lösungsansätze für niedergelassene Ärzte in unterschiedlichem Umfang Relevanz aufweisen.

- Der erste und herausragende Ansatz der Sicherung von Information findet sich in den Methoden „Verschlüsselung“ oder „Kryptographie“.
- Da heute alle im Sinne dieses Buches relevanten Informationen nahezu ausschließlich mit den elektronischen Mitteln der Telekommunikation ausgetauscht werden, finden hier auch physikalisch-technische Ansätze ihre Anwendung.
- Schließlich berühren hauptsächlich übermittelte Informationen sicherheitsrelevante Belange. Aus diesem Grund müssen organisatorische Ansätze (z.B. Datenvermeidung) in die Schaffung von Sicherheitskonzepten einbezogen werden.

Was können diese drei Ansätze nun im Einzelnen leisten?

5.3.1 Kryptographische Methoden

Die Geheimhaltung von gespeicherten oder übertragenen Daten wird heute hauptsächlich mit den Methoden der Kryptographie erreicht[81]. Wird dabei von einer „sicheren Datenspeicherung oder Datenübertragung“ gesprochen, müssen aber noch weitere Aspekte beachtet werden:

---

[80] Diese Einteilung deckt sich grundsätzlich auch mit der Rechtsprechung (Landgericht Hanau, 3 Qs 149/99). Hier wird festgehalten, dass in einem E-Mail-System zwischengespeicherte Nachrichten Inhalte der Telekommunikation sind und dem durch Art. 10 GG geschützten Fernmeldegeheimnis unterliegen. Der gesetzliche Schutz endet erst dann, wenn eine Nachricht auf dem PC des Empfängers zur Entgegennahme zur Verfügung steht. Eine Aufspaltung des komplizierten Übermittlungsvorgangs würde dem Schutz des Fernmeldegeheimnis zuwiderlaufen.

[81] Für eine umfangreiche Monographie zu diesem Thema siehe den „Kryptoreport“ des TeleTrusT Deutschland e.V. [Goetz 1999a].

- Manipulationen an gespeicherten Informationen sollen bemerkt werden,
- der Sender einer Nachricht soll sicher sein, dass die Nachricht unverfälscht den richtigen Empfänger erreicht,
- der Empfänger einer Nachricht möchte seinerseits die Unverfälschtheit einer Nachricht überprüfen können, ebenso die Richtigkeit des Absenders.

Außerdem sind Funktionen von Interesse, die beim klassischen, papiergebundenen Schriftverkehr mit Unterschrift oder Einschreiben mit Rückschein vergleichbar sind. Man denke etwa an Telebanking vom heimischen Computer oder an Vertragsabschlüsse via E-Mail (Electronic Mail), wo elektronische Dokumente vielleicht einmal als Beweismittel bei Rechtsstreitigkeiten herangezogen werden müssen (sog. **Nicht-Abstreitbarkeit** von Versand und/oder Empfang).

Es hat sich herausgestellt, dass kryptographische Verfahren, ursprünglich für die Geheimhaltung von Nachrichten entwickelt, mit einigen mathematischen Kunstgriffen auch für viele andere Aufgaben verwendet werden können.

> Als herausragendes Beispiel sei hier auf die Möglichkeit einer **digitalen Signatur** verwiesen. Mit dieser Methode wird erstmals sichergestellt, dass auch elektronisch gespeicherte und/oder übermittelte Daten mit einer an die klassischen Medien heranreichenden oder sogar noch größeren Sicherheit verwendet werden können, ein für die Justiziabilität elektronischer Daten auch im Gesundheitswesen unerlässlicher datentechnischer Ansatz.
>
> Die Kryptographie kann jedoch noch mehr leisten. Gerade bei dem heiklen Kapitel der Zusammenführung medizinischer Gesundheitsdaten zum Zweck der Statistik und Forschung stößt man oft an die Grenzen des Möglichen oder Zulässigen, da hier individuelle Persönlichkeitsrechte tangiert werden. Es geht aber in solchen Fällen mehrheitlich um die zuverlässige Zuordnung einzelner Befunde zueinander über die Zeit hinweg und nicht so sehr um die Wiedererkennung einzelner Patienten. Hier bietet sich die sog. „**Pseudonymisierung**" an zur Herstellung der Anonymität unter gleichzeitiger Beibehaltung einer Zuordnungsfähigkeit der Daten. Ein solches Verfahren kann die Kryptographie fundiert unterstützen.

Basisfunktion der Kryptographie sind Chiffrierverfahren. Dabei versteht man unter einem **Chiffrierverfahren** eine Vorschrift (einen sog. „Algorithmus"), wie aus einem Klartext (z.B. einer lesbaren oder verständlichen

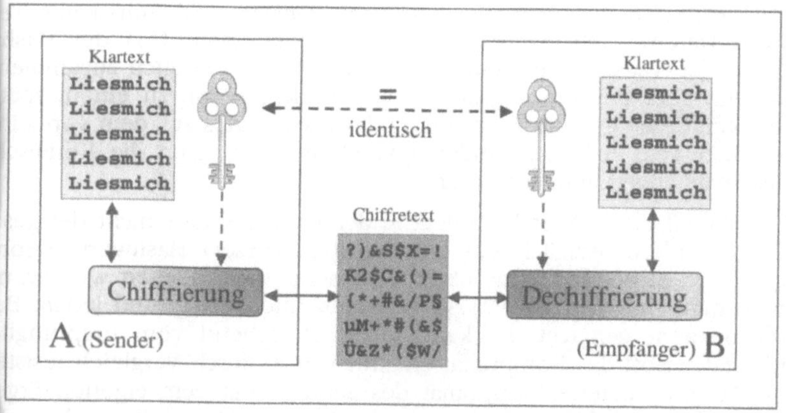

Abbildung 8: Symmetrische Verschlüsselung, allgemein

it müssen nicht nur Chiffretext sondern auch Schlüssel vom Sender Empfänger übermittelt werden. Dies bedeutet in Konsequenz, dass en dem eigentlichen Übermittlungsweg für die chiffrierte Nachricht, Datenkanal, ein eigener, besonders sicherer Übermittlungskanal für Transport des Schlüssels zwischen „A“ und „B“ abgestimmt und jederverfügbar sein muss.

kann z.B. mittels eines versiegelten Briefs oder eines vertrauenswürn Kuriers sein, oder der Schlüssel wird bei einem persönlichen Treffür einen zukünftig vertraulichen Datentransfer vorab ausgetauscht. estreitbar ist jedoch, dass ohne zusätzliche Vorsichtsmaßnahmen issel und Chiffretext nie gemeinsam übermittelt werden dürfen.

n Voraus nicht immer abzusehen ist, wer einmal mit wem vertraulich munizieren möchte, müssten sich rein theoretisch jeweils alle Paare nzieller Kommunikationspartner „auf Verdacht“ auf einen gemeinsa- Schlüssel einigen. Bei ***n*** Teilnehmern würden hierzu ***n* * (n - 1) / 2** issel benötigt. Bei z.B. 10.000 Ärzten macht das ca. 50 Millionen (!) issel bzw. persönliche Treffen.

lembereiche der eben beschriebenen Chiffrierverfahren sind die isselverwaltung und Schlüsselverteilung: Bevor zwei Parteien geheim munizieren können, müssen sie sich auf einen gemeinsamen Schlüseinigt haben. Diese Einigung muss meistens vorab auf einem sichei.d.R. von den Daten getrennten, „Kanal“ stattfinden. Eine spontane uliche Kommunikation ist dabei im Allgemeinen nicht möglich.

Nachricht) unter Verwendung eines Schlüssels, ein Geheimtext (Chiffretext) herzustellen ist. Hierfür werden in der Regel stark formalisierte Verfahren und Vorschriften (Kryptoalgorithmen, Chiffrierroutinen usw.) eingesetzt, die alle grundsätzlich nach einem ähnlichen Schema ablaufen:

- ersetze Zeichen (oder Zeichenfolgen) des Textes abhängig von einem Schlüssel durch andere Zeichen (oder Zeichenfolgen),
- vertausche die Reihenfolge der verschlüsselten Zeichen (evtl. abhängig vom Schlüssel),
- wiederhole dies, so oft wie nötig.

Das Umkehrverfahren, die Dechiffrierung, läuft nach dem gleichen, formalisierten Verfahren ab, nur dass hier die Zeichen des Chiffretexts in vergleichbaren Schritten bearbeitet werden und als Endergebnis der Klartext steht.

So existieren Chiffrieralgorithmen, die von Experten entwickelt und in der Fachliteratur veröffentlicht wurden. Diese wiederum wurden von anderen Experten auf Schwachstellen untersucht. Ob dabei tatsächlich alle herausgefundenen Schwächen jemals publiziert wurden, ist zwar nicht nachweisbar, trotzdem kann i.d.R. von einer gewissen nachgewiesenen Vertrauenswürdigkeit ausgegangen werden. Es gibt aber auch viele kommerzielle und proprietäre Algorithmen, deren Funktionsweise nie veröffentlicht wurde. Einige mögen gut sein, die meisten sind es jedoch wahrscheinlich nicht. Wenn Firmen oder Autoren keinen Vorteil in der Veröffentlichung der Funktionsweise ihrer Methoden sehen, sollte man annehmen, dass sie Recht haben und den Algorithmus meiden.

- Schlagwortartig vereinfacht[82]:
  Sicherheit liegt im Schlüssel und nicht im Verfahren.

Ausgehend von den Methoden der „Message Authentication“[83] haben sich viele unterschiedliche Techniken für die Herstellung einer solchen Sicher-

[82] Auguste Kerckhoffs von Nieuwenhof formulierte dieses Prinzip erstmals 1883 in seinem Artikel „La Cryptographie Militaire“ im „Journal des Sciences Militaires“ [Gerling 2000:18].

[83] Um sicher zu gehen, dass eine Nachricht wirklich unversehrt und authentisch ist, wird als kryptographische Prüfsumme, kryptographischer „Fingerabdruck“ oder „Message Authentication Code“ (MAC) eine zusätzliche Information mit der Nachricht übermittelt. Dabei wird, mit Hilfe eines geeigneten Verschlüsselungsalgorithmus und eines geheimen Schlüssels, aus der Orginalnachricht ein solcher „MAC“ gebildet. Der MAC besitzt, unabhängig von der Nachricht, eine feste Länge.

heit etabliert. Zur Erreichung dieses Ziels ist das Zusammenwirken mehrerer technischen Komponenten notwendig.

5.3.1.1 Hash-Funktionen

Wesentlicher Baustein für viele Sicherheitsfunktionen sind „Hash-Funktionen“[84]. (Kryptographische) Hash-Funktionen sind mathematische Methoden, die aus einem beliebigen Klartext nach einem vorbestimmten Verfahren ein Komprimat im Sinne einer Prüfziffer generieren. Eine solche Funktion verwandelt einen Klartext so in ein entsprechendes Komprimat, dass auch die kleinste Veränderung des ursprünglichen Texts zu einem gänzlich anderen Komprimat führt (Abb. 7).

Es gehört zu den Forderungen an diese mathematische Funktion, dass aus dem einmal erzeugten, auch „Hashwert“ genannten Komprimat der ursprüngliche Text nicht wieder rekonstruiert werden kann. Eine solche Hash-Funktion ist nicht „umkehrbar“ und gilt somit als „Einwegfunktion“. Dies bedeutet, dass, anders als beim Chiffrieren, eine Wiederherstellung des ursprünglichen Textes nicht möglich ist.

Außerdem muss die Hash-Funktion „kollisionsfrei“ sein, d.h. es darf nicht möglich sein, zwei Nachrichten zu konstruieren, die den gleichen Hashwert haben. So ist mit einer praktisch vernachlässigbaren Unsicherheit ein bestimmter Hashwert das Ergebnis eines und nur eines ursprünglichen Klartextes.

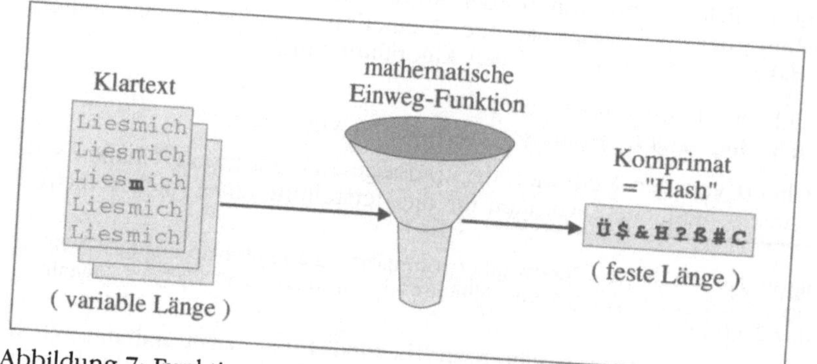

Abbildung 7: Funktionsweise der Hash-Verfahren

[84] „Hash“ ist der englische Begriff für „Zerhacktes“.

Hash-Funktionen dienen allgemein dazu, die Unverfälsc
(oder Daten) nachzuweisen. Dazu wird von einem T
berechnet. Dieser wird dann getrennt von Text oder au
diesem, aber besonders gesichert aufbewahrt. Wenn z
Zeitpunkt eine erneute Berechnung des Hashwertes aus
gleichen Text zu einem anderen Ergebnis führt, kann
des Texts angenommen werden.

Der Vorteil dieses Verfahren liegt in der Tatsache, dass
Text, sondern lediglich ein (vergleichbar kurzer) Ha
geschützt gespeichert bzw. übermittelt oder digital sign
Wird nämlich ein solches Hash-Verfahren offen gelegt
zer bekannt gemacht, so kann jeder, ausgehend vo
Klartext, selbst das Komprimat errechnen und durch Ve
ob das mitgelieferte Komprimat des Senders mit dem
identisch ist. In dieser Weise kann durch jeden überpr
bestimmtes Hash-Ergebnis auch wirklich einer bestimn
zuordnen ist.

5.3.1.2 Symmetrische Kryptoverfahren

Wird umgangssprachlich von Verschlüsselungsverfahr
chen Sinne gesprochen, sind meist sog. „**symmetrische**
gemeint. Diese Verschlüsselungsmethoden erschließe
programmtechnischen Umsetzung und ermögliche
schnell ablauffähige (performante) Programme.

Bei diesen Verfahren ver- und entschlüsseln sowoh
Empfänger mit dem gleichen Verfahren unter Einsa
Schlüssels ihre Texte. Mit andern Worten, der gleiche
wohl für die Chiffrierung als auch für die Dechiffrierun

> Sender „A“ verschlüsselt in seiner sicheren Umgeb
> mit einem Schlüssel und erzeugt so seinen Chif
> Empfänger „B“ nun zuleiten kann (Abb. 8). Dies
> text entschlüsseln und muss daher neben dem C
> den entsprechenden von „A“ eingesetzten Schlüss

Som
zum
neb
dem
den
zeit

Das
dige
fen
Unb
Schl

Da i
kom
pote
men
Schl
Schl

Prob
Schl
kom
sel g
ren,
vertr

5.3.1.3 Asymmetrische Kryptoverfahren

Diesen grundsätzlichen Problemen nehmen sich die sog. „**asymmetrischen**" Verschlüsselungsverfahren an. 1976 lieferten die zwei Mathematiker Diffie und Hellman [Diffie-Hellman:1976] und unabhängig davon 1978 Merkle einen Ausweg mit dem Konzept der „Public Key Kryptographie", ein Begriff, der sich wegen der häufig genutzten Möglichkeit einer öffentlichen Schlüsselverteilung eingebürgert hat.

Das Grundprinzip asymmetrischer Kryptographie beruht auf der Tatsache, dass manche Dinge im Leben einfach auszuführen, aber nur schwer rückgängig zu machen sind. Eine Vase aus 10 Metern Höhe fallen zu lassen, bereitet keine große Mühe; aus den Scherben die Vase wieder zusammenzukleben, ist jedoch fast unmöglich.

Bei den Zahlen gibt es ähnliche Phänomene: Zahlen miteinander zu multiplizieren lernt man leicht; selbst sehr große. Auch zehntausendstellige Zahlen kann ein Computer einfach multiplizieren. Aber ein Produkt in seine (unbekannten) Faktoren zu zerlegen, ist vergleichsweise schwer.

Mit den ausgefeiltesten Methoden und sehr viel Rechenaufwand ist man heute in der Lage, gerade mal 130-stellige Zahlen zu faktorisieren. Außer der Faktorisierung sind eine ganze Reihe vergleichbarer Probleme in der Mathematik bekannt. Vereinfachend gilt, dass Basis aller zurzeit verwendeten Public Key Verfahren ein schwieriges, i.d.R. methodisch ungelöstes, mathematisches Problem ist.

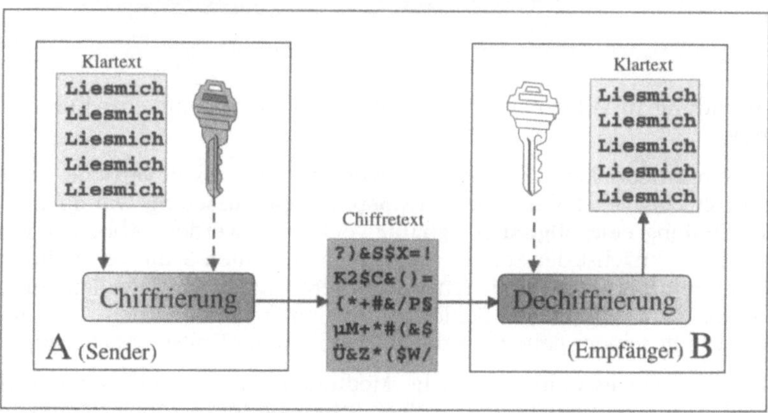

Abbildung 9: Asymmetrische Verschlüsselung, allgemein

Sender „A" verschlüsselt in seiner sicheren Umgebung seinen Klartext mit dem jedem zugänglichen öffentlichen Schlüssel des beabsichtigten Empfängers „B" und erzeugt so seinen Chiffretext, den er dem Empfänger „B" nun zuleiten kann (Abb. 9). Nur dieser kann dann den Chiffretext mit seinem geheimen, privaten Schlüssel entschlüsseln.

Bei den Public-Key-Verfahren wird jeweils vom Sender ein Schlüssel zur Chiffrierung und vom Empfänger ein anderer, zugehöriger Schlüssel für die Dechiffrierung verwendet. Somit verwenden jeweils Sender und Empfänger „Schlüsselpaare". Dabei gibt es sog. „reversible" asymmetrische Chiffrierverfahren, bei denen der aus einem Schlüssel hergestellte Chiffretext durch den jeweils anderen Schlüssel wieder entschlüsselt werden kann und umgekehrt. Diese Kombinationen lassen jeweils andere Möglichkeiten der Schlüsselverteilung und des Schlüsseleinsatzes zu.

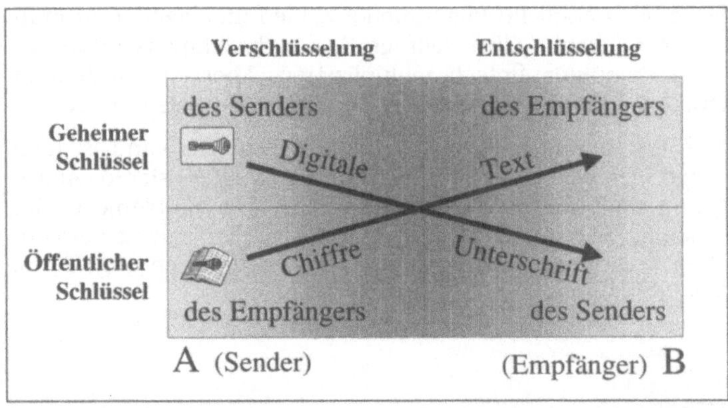

Abbildung 10: Allgemeine Umkehrmöglichkeiten asymmetrischer Verfahren

Vereinfachend kann festgehalten werden, dass asymmetrische Verfahren sowohl zur Herstellung einer **Transportverschlüsselung** wie auch für die Herstellung einer **digitalen Signatur** verwendet werden (Abb. 10), je nachdem ob zunächst der Sender mit seinem geheimen Schlüssel chiffriert und jeder mit dessen öffentlichen dechiffrieren kann (digitale Signatur) oder ob mit dem öffentlichen Schlüssel des Empfängers chiffriert wird und nur dieser mit seinem geheimen dechiffrieren kann (Transportsicherung).

Konkret gibt es unterschiedliche Methoden, solche Schlüsselpaare herzustellen und zu verteilen. Von einer Schlüsselinstanz (auch „Trusted Third Party" genannt) können z.B. Schlüssel paarweise erstellt und vergeben werden, wobei der eine Schlüssel durch den jeweiligen Schlüsselinhaber geheim gehalten und der andere durch die Schlüsselinstanz veröffentlicht wird. Die öffentliche Verteilung von einem der beiden Schlüssel aus dem Paar reduziert in jedem Fall die Zahl der in einem bestimmten Kommunikationsumfeld notwendigen Schlüssel auf zweimal die Anzahl der Teilnehmer. Im vorgenannten Beispiel der Ärzte sind nicht mehr 50 Millionen symmetrische Schlüssel, sondern nur noch 10.000 öffentliche und 10.000 geheime, also insgesamt 20.000 Schlüssel nötig.

Wesentlich ist auch, dass, anders als bei der symmetrischen Kryptographie, die Schlüsselverteilung nicht mehr vorab erfolgen muss, sondern dass jederzeit bei Bedarf die Einigung auf einen Schlüssel möglich ist. In diesem Zusammenhang ist interessant, dass trotz vordergründiger Technikneutralität der EG-RleS und des neuen SigG, die Festlegungen der jeweiligen Anhänge deutlich machen, dass nur asymmetrische Kryptoverfahren den heutigen Anforderungen gerecht werden können.

5.3.1.4 Hybridverfahren

Bei der allgemeinen Gegenüberstellung symmetrischer und asymmetrischer Kryptoverfahren wird deutlich, dass sich symmetrische Methoden im Vergleich zu asymmetrischen in der Regel wesentlich einfacher EDV-technisch umsetzen lassen und darüber hinaus schnelle und leistungsfähige Implementierungen zulassen.

Asymmetrische Verschlüsselungssysteme werden also in der Praxis wegen des sehr hohen Rechenbedarfs lediglich zur Verschlüsselung von sog. „Sitzungsschlüsseln" (Session Keys) verwendet. Die Verschlüsselung der eigentlichen Nutzdaten findet dann mit einem klassischen symmetrischen Verfahren unter Verwendung des jeweiligen Sitzungsschlüssels statt. In diesem Falle spricht man von einer hybriden Chiffrierung (asymmetrisch / symmetrisch).

> Beim Hybridverfahren erzeugt der Sender „A" in seiner vertrauenswürdigen Umgebung einen möglichst zufälligen, d.h. für andere unvorhersehbaren, symmetrischen Schlüssel „S" (sog. „Session Key") und verschlüsselt mit diesem seine Nachricht. Diesen Schlüssel selbst verschlüsselt der Sender mit dem öffentlichen (asymmetrischen) Schlüssel des Empfängers „B". Beides, die mit „S" verschlüsselte Nachricht und der mit dem öffentlichem Schlüssel von „B" verschlüsselte Sitzungsschlüssel, werden nun an den Empfänger übermittelt.
>
> Da der Empfänger „B" den Sitzungsschlüssel nicht kennt, muss er zunächst den chiffrierten (symmetrischen) Sitzungsschlüssel entschlüsseln. Dies erfolgt mit seinem geheimen (asymmetrischen) Schlüssel. Den so gewonnenen Sitzungsschlüssel „S" kann er nun da-

zu verwenden, die chiffriert übermittelte Nachricht wieder zu dechiffrieren und somit Kenntnis des Nachrichteninhalts zu erlangen.

Wie bereits dargelegt, müssen bei „rein" symmetrischen Schlüsselverfahren die verwendeten Schlüssel zwischen Sender und Empfänger „ausgetauscht" werden. Sowohl aus technischen Gründen als auch um den direkten Austausch der unterschiedlichen Schlüssel zu vermeiden, wurden daher auch andere Verfahren entwickelt, die auf einer öffentlichen Verteilung von Schlüsseln beruhen, bei denn man sich jedoch interaktiv und gegenüber Dritten sicher auf einen Schlüssel einigt. All diese Verfahren wurden entwickelt, um wirksam den Problemen des möglichen Angriffs zu begegnen oder die gegenseitige Authentifizierung sicherzustellen.

Fazit: Zusammenfassend ist es sicher richtig, den genannten kryptographischen Methoden, der symmetrischen, der asymmetrischen und der Hybridverschlüsselung, eindeutig das Primat als wichtigster Fixpunkt zur Sicherung elektronischer Kommunikation einzuräumen. Die veröffentlichten Verfahren sind, außer wo konkret Nachteiliges bekannt ist, ausreichend sicher, damit in Abhängigkeit der gewählten Schlüssellängen eine bedrohungsadäquate, skalierbare Lösung implementiert werden kann. Hinzu kommt, dass die Sicherheit grundsätzlich im Schlüssel und nicht in der Methode liegt, daher kann der Endanwender selbst durch sorgfältigen Umgang mit seinen Schlüsseln dafür Sorge tragen, dass keine Übermittlung kompromittiert wird.

In der praktischen Umsetzung und dem Zusammenwirken einzelner kryptographischer Verfahren ergibt sich für Sender und Empfänger ein Beziehungsdreieck, bezogen auf die gemeinsam genutzte Vertrauensinstanz (Abb. 11).

Die elektronische Signatur der vom Praxisverwaltungsprogramm kommenden Patientendaten des Senders wird mit seinem eigenen, geheimen Schlüssel gefertigt. Dafür muss in der Regel eine Chipkarte eingesetzt werden, das die zu signierenden Informationen über ein „multifunktionales Chipkartenlesegerät" (MKT) zugeleitet erhält. Die fertig signierten Daten werden dann von der Karte an das Kommunikationsprogramm zurückgegeben. Wichtig dabei ist, dass der private, geheime Schlüssel die Karte nie verlassen darf.

Der Kommunikationsclient des Senders muss darüber hinaus jederzeit auf seinen Verzeichnisdienst zugreifen können, um von dort den öffentlichen Schlüssel des gewählten Empfängers abholen zu können. Jedem öffentlichen Schlüssel ist ein Zertifikat des Trust Centers beigefügt, damit der

Nachricht) unter Verwendung eines Schlüssels, ein Geheimtext (Chiffretext) herzustellen ist. Hierfür werden in der Regel stark formalisierte Verfahren und Vorschriften (Kryptoalgorithmen, Chiffrierroutinen usw.) eingesetzt, die alle grundsätzlich nach einem ähnlichen Schema ablaufen:

- ersetze Zeichen (oder Zeichenfolgen) des Textes abhängig von einem Schlüssel durch andere Zeichen (oder Zeichenfolgen),
- vertausche die Reihenfolge der verschlüsselten Zeichen (evtl. abhängig vom Schlüssel),
- wiederhole dies, so oft wie nötig.

Das Umkehrverfahren, die Dechiffrierung, läuft nach dem gleichen, formalisierten Verfahren ab, nur dass hier die Zeichen des Chiffretexts in vergleichbaren Schritten bearbeitet werden und als Endergebnis der Klartext steht.

So existieren Chiffrieralgorithmen, die von Experten entwickelt und in der Fachliteratur veröffentlicht wurden. Diese wiederum wurden von anderen Experten auf Schwachstellen untersucht. Ob dabei tatsächlich alle herausgefundenen Schwächen jemals publiziert wurden, ist zwar nicht nachweisbar, trotzdem kann i.d.R. von einer gewissen nachgewiesenen Vertrauenswürdigkeit ausgegangen werden. Es gibt aber auch viele kommerzielle und proprietäre Algorithmen, deren Funktionsweise nie veröffentlicht wurde. Einige mögen gut sein, die meisten sind es jedoch wahrscheinlich nicht. Wenn Firmen oder Autoren keinen Vorteil in der Veröffentlichung der Funktionsweise ihrer Methoden sehen, sollte man annehmen, dass sie Recht haben und den Algorithmus meiden.

- Schlagwortartig vereinfacht[82]:
  Sicherheit liegt im Schlüssel und nicht im Verfahren.

Ausgehend von den Methoden der „Message Authentication"[83] haben sich viele unterschiedliche Techniken für die Herstellung einer solchen Sicher-

[82] Auguste Kerckhoffs von Nieuwenhof formulierte dieses Prinzip erstmals 1883 in seinem Artikel „La Cryptographie Militaire" im „Journal des Sciences Militaires" [Gerling 2000:18].

[83] Um sicher zu gehen, dass eine Nachricht wirklich unversehrt und authentisch ist, wird als kryptographische Prüfsumme, kryptographischer „Fingerabdruck" oder „Message Authentication Code" (MAC) eine zusätzliche Information mit der Nachricht übermittelt. Dabei wird, mit Hilfe eines geeigneten Verschlüsselungsalgorithmus und eines geheimen Schlüssels, aus der Orginalnachricht ein solcher „MAC" gebildet. Der MAC besitzt, unabhängig von der Nachricht, eine feste Länge.

heit etabliert. Zur Erreichung dieses Ziels ist das Zusammenwirken mehrerer technischen Komponenten notwendig.

5.3.1.1 Hash-Funktionen

Wesentlicher Baustein für viele Sicherheitsfunktionen sind „Hash-Funktionen"[84]. (Kryptographische) Hash-Funktionen sind mathematische Methoden, die aus einem beliebigen Klartext nach einem vorbestimmten Verfahren ein Komprimat im Sinne einer Prüfziffer generieren. Eine solche Funktion verwandelt einen Klartext so in ein entsprechendes Komprimat, dass auch die kleinste Veränderung des ursprünglichen Texts zu einem gänzlich anderen Komprimat führt (Abb. 7).

Es gehört zu den Forderungen an diese mathematische Funktion, dass aus dem einmal erzeugten, auch „Hashwert" genannten Komprimat der ursprüngliche Text nicht wieder rekonstruiert werden kann. Eine solche Hash-Funktion ist nicht „umkehrbar" und gilt somit als „Einwegfunktion". Dies bedeutet, dass, anders als beim Chiffrieren, eine Wiederherstellung des ursprünglichen Textes nicht möglich ist.

Außerdem muss die Hash-Funktion „kollisionsfrei" sein, d.h. es darf nicht möglich sein, zwei Nachrichten zu konstruieren, die den gleichen Hashwert haben. So ist mit einer praktisch vernachlässigbaren Unsicherheit ein bestimmter Hashwert das Ergebnis eines und nur eines ursprünglichen Klartextes.

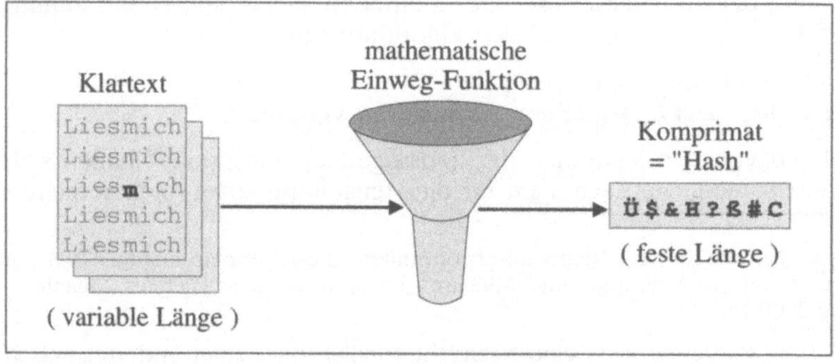

Abbildung 7: Funktionsweise der Hash-Verfahren

[84] „Hash" ist der englische Begriff für „Zerhacktes".

Hash-Funktionen dienen allgemein dazu, die Unverfälschtheit von Texten (oder Daten) nachzuweisen. Dazu wird von einem Text der Hashwert berechnet. Dieser wird dann getrennt von Text oder auch zusammen mit diesem, aber besonders gesichert aufbewahrt. Wenn zu einem späteren Zeitpunkt eine erneute Berechnung des Hashwertes aus dem vermeintlich gleichen Text zu einem anderen Ergebnis führt, kann die Verfälschung des Texts angenommen werden.

Der Vorteil dieses Verfahren liegt in der Tatsache, dass nicht der gesamte Text, sondern lediglich ein (vergleichbar kurzer) Hashwert besonders geschützt gespeichert bzw. übermittelt oder digital signiert werden muss. Wird nämlich ein solches Hash-Verfahren offen gelegt und jedem Benutzer bekannt gemacht, so kann jeder, ausgehend vom ursprünglichen Klartext, selbst das Komprimat errechnen und durch Vergleich feststellen, ob das mitgelieferte Komprimat des Senders mit dem eigenen Ergebnis identisch ist. In dieser Weise kann durch jeden überprüft werden, ob ein bestimmtes Hash-Ergebnis auch wirklich einer bestimmten Nachricht zuzuordnen ist.

5.3.1.2 Symmetrische Kryptoverfahren

Wird umgangssprachlich von Verschlüsselungsverfahren im herkömmlichen Sinne gesprochen, sind meist sog. „**symmetrische**" Chiffrierverfahren gemeint. Diese Verschlüsselungsmethoden erschließen sich leicht der programmtechnischen Umsetzung und ermöglichen darüber hinaus schnell ablauffähige (performante) Programme.

Bei diesen Verfahren ver- und entschlüsseln sowohl Sender als auch Empfänger mit dem gleichen Verfahren unter Einsatz des identischen Schlüssels ihre Texte. Mit andern Worten, der gleiche Schlüssel wird sowohl für die Chiffrierung als auch für die Dechiffrierung verwendet.

> Sender „A" verschlüsselt in seiner sicheren Umgebung seinen Klartext mit einem Schlüssel und erzeugt so seinen Chiffretext, den er dem Empfänger „B" nun zuleiten kann (Abb. 8). Dieser will den Chiffretext entschlüsseln und muss daher neben dem Chiffretext auch über den entsprechenden von „A" eingesetzten Schlüssel verfügen.

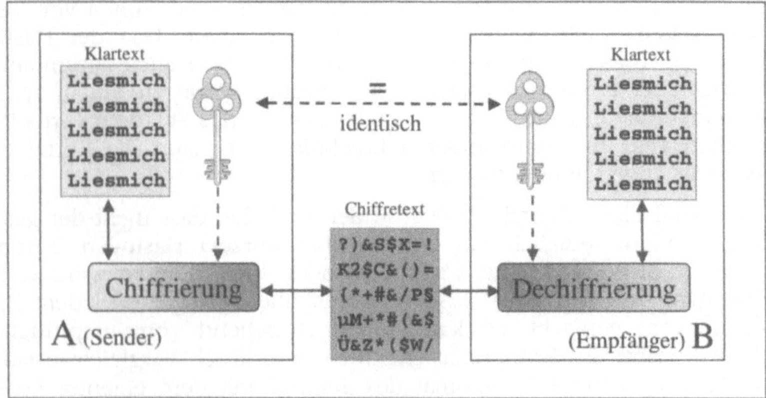

Abbildung 8: Symmetrische Verschlüsselung, allgemein

Somit müssen nicht nur Chiffretext sondern auch Schlüssel vom Sender zum Empfänger übermittelt werden. Dies bedeutet in Konsequenz, dass neben dem eigentlichen Übermittlungsweg für die chiffrierte Nachricht, dem Datenkanal, ein eigener, besonders sicherer Übermittlungskanal für den Transport des Schlüssels zwischen „A" und „B" abgestimmt und jederzeit verfügbar sein muss.

Das kann z.B. mittels eines versiegelten Briefs oder eines vertrauenswürdigen Kuriers sein, oder der Schlüssel wird bei einem persönlichen Treffen für einen zukünftig vertraulichen Datentransfer vorab ausgetauscht. Unbestreitbar ist jedoch, dass ohne zusätzliche Vorsichtsmaßnahmen Schlüssel und Chiffretext nie gemeinsam übermittelt werden dürfen.

Da im Voraus nicht immer abzusehen ist, wer einmal mit wem vertraulich kommunizieren möchte, müssten sich rein theoretisch jeweils alle Paare potenzieller Kommunikationspartner „auf Verdacht" auf einen gemeinsamen Schlüssel einigen. Bei ***n*** Teilnehmern würden hierzu $\boldsymbol{n * (n - 1) / 2}$ Schlüssel benötigt. Bei z.B. 10.000 Ärzten macht das ca. 50 Millionen (!) Schlüssel bzw. persönliche Treffen.

Problembereiche der eben beschriebenen Chiffrierverfahren sind die Schlüsselverwaltung und Schlüsselverteilung: Bevor zwei Parteien geheim kommunizieren können, müssen sie sich auf einen gemeinsamen Schlüssel geeinigt haben. Diese Einigung muss meistens vorab auf einem sicheren, i.d.R. von den Daten getrennten, „Kanal" stattfinden. Eine spontane vertrauliche Kommunikation ist dabei im Allgemeinen nicht möglich.

5.3.1.3 Asymmetrische Kryptoverfahren

Diesen grundsätzlichen Problemen nehmen sich die sog. „**asymmetrischen**" Verschlüsselungsverfahren an. 1976 lieferten die zwei Mathematiker Diffie und Hellman [Diffie-Hellman:1976] und unabhängig davon 1978 Merkle einen Ausweg mit dem Konzept der „Public Key Kryptographie", ein Begriff, der sich wegen der häufig genutzten Möglichkeit einer öffentlichen Schlüsselverteilung eingebürgert hat.

Das Grundprinzip asymmetrischer Kryptographie beruht auf der Tatsache, dass manche Dinge im Leben einfach auszuführen, aber nur schwer rückgängig zu machen sind. Eine Vase aus 10 Metern Höhe fallen zu lassen, bereitet keine große Mühe; aus den Scherben die Vase wieder zusammenzukleben, ist jedoch fast unmöglich.

Bei den Zahlen gibt es ähnliche Phänomene: Zahlen miteinander zu multiplizieren lernt man leicht; selbst sehr große. Auch zehntausendstellige Zahlen kann ein Computer einfach multiplizieren. Aber ein Produkt in seine (unbekannten) Faktoren zu zerlegen, ist vergleichsweise schwer.

Mit den ausgefeiltesten Methoden und sehr viel Rechenaufwand ist man heute in der Lage, gerade mal 130-stellige Zahlen zu faktorisieren. Außer der Faktorisierung sind eine ganze Reihe vergleichbarer Probleme in der Mathematik bekannt. Vereinfachend gilt, dass Basis aller zurzeit verwendeten Public Key Verfahren ein schwieriges, i.d.R. methodisch ungelöstes, mathematisches Problem ist.

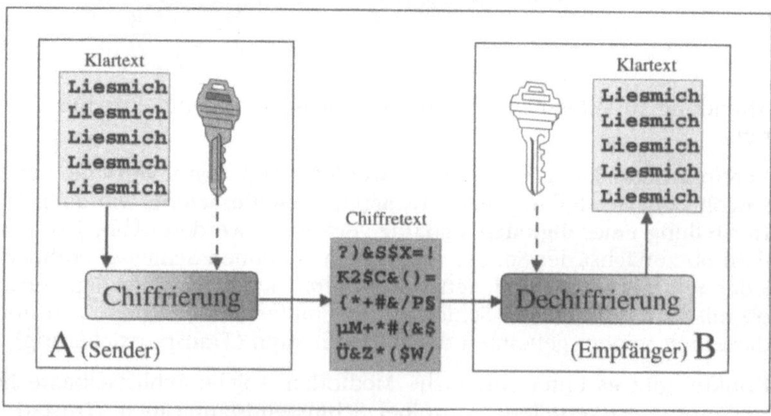

Abbildung 9: Asymmetrische Verschlüsselung, allgemein

Sender „A" verschlüsselt in seiner sicheren Umgebung seinen Klartext mit dem jedem zugänglichen öffentlichen Schlüssel des beabsichtig-

ten Empfängers „B" und erzeugt so seinen Chiffretext, den er dem Empfänger „B" nun zuleiten kann (Abb. 9). Nur dieser kann dann den Chiffretext mit seinem geheimen, privaten Schlüssel entschlüsseln.

Bei den Public-Key-Verfahren wird jeweils vom Sender ein Schlüssel zur Chiffrierung und vom Empfänger ein anderer, zugehöriger Schlüssel für die Dechiffrierung verwendet. Somit verwenden jeweils Sender und Empfänger „Schlüsselpaare". Dabei gibt es sog. „reversible" asymmetrische Chiffrierverfahren, bei denen der aus einem Schlüssel hergestellte Chiffretext durch den jeweils anderen Schlüssel wieder entschlüsselt werden kann und umgekehrt. Diese Kombinationen lassen jeweils andere Möglichkeiten der Schlüsselverteilung und des Schlüsseleinsatzes zu.

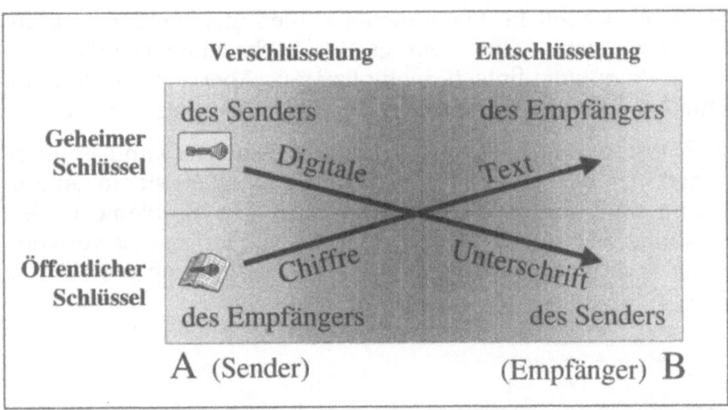

Abbildung 10: Allgemeine Umkehrmöglichkeiten asymmetrischer Verfahren

Vereinfachend kann festgehalten werden, dass asymmetrische Verfahren sowohl zur Herstellung einer **Transportverschlüsselung** wie auch für die Herstellung einer **digitalen Signatur** verwendet werden (Abb. 10), je nachdem ob zunächst der Sender mit seinem geheimen Schlüssel chiffriert und jeder mit dessen öffentlichen dechiffrieren kann (digitale Signatur) oder ob mit dem öffentlichen Schlüssel des Empfängers chiffriert wird und nur dieser mit seinem geheimen dechiffrieren kann (Transportsicherung).

Konkret gibt es unterschiedliche Methoden, solche Schlüsselpaare herzustellen und zu verteilen. Von einer Schlüsselinstanz (auch „Trusted Third Party" genannt) können z.B. Schlüssel paarweise erstellt und vergeben werden, wobei der eine Schlüssel durch den jeweiligen Schlüsselinhaber geheim gehalten und der andere durch die Schlüsselinstanz veröffentlicht

wird. Die öffentliche Verteilung von einem der beiden Schlüssel aus dem Paar reduziert in jedem Fall die Zahl der in einem bestimmten Kommunikationsumfeld notwendigen Schlüssel auf zweimal die Anzahl der Teilnehmer. Im vorgenannten Beispiel der Ärzte sind nicht mehr 50 Millionen symmetrische Schlüssel, sondern nur noch 10.000 öffentliche und 10.000 geheime, also insgesamt 20.000 Schlüssel nötig.

Wesentlich ist auch, dass, anders als bei der symmetrischen Kryptographie, die Schlüsselverteilung nicht mehr vorab erfolgen muss, sondern dass jederzeit bei Bedarf die Einigung auf einen Schlüssel möglich ist. In diesem Zusammenhang ist interessant, dass trotz vordergründiger Techникneutralität der EG-RleS und des neuen SigG, die Festlegungen der jeweiligen Anhänge deutlich machen, dass nur asymmetrische Kryptoverfahren den heutigen Anforderungen gerecht werden können.

5.3.1.4 Hybridverfahren

Bei der allgemeinen Gegenüberstellung symmetrischer und asymmetrischer Kryptoverfahren wird deutlich, dass sich symmetrische Methoden im Vergleich zu asymmetrischen in der Regel wesentlich einfacher EDV-technisch umsetzen lassen und darüber hinaus schnelle und leistungsfähige Implementierungen zulassen.

Asymmetrische Verschlüsselungssysteme werden also in der Praxis wegen des sehr hohen Rechenbedarfs lediglich zur Verschlüsselung von sog. „Sitzungsschlüsseln“ (Session Keys) verwendet. Die Verschlüsselung der eigentlichen Nutzdaten findet dann mit einem klassischen symmetrischen Verfahren unter Verwendung des jeweiligen Sitzungsschlüssels statt. In diesem Falle spricht man von einer hybriden Chiffrierung (asymmetrisch / symmetrisch).

> Beim Hybridverfahren erzeugt der Sender „A“ in seiner vertrauenswürdigen Umgebung einen möglichst zufälligen, d.h. für andere unvorhersehbaren, symmetrischen Schlüssel „S“ (sog. „Session Key“) und verschlüsselt mit diesem seine Nachricht. Diesen Schlüssel selbst verschlüsselt der Sender mit dem öffentlichen (asymmetrischen) Schlüssel des Empfängers „B“. Beides, die mit „S“ verschlüsselte Nachricht und der mit dem öffentlichem Schlüssel von „B“ verschlüsselte Sitzungsschlüssel, werden nun an den Empfänger übermittelt.
>
> Da der Empfänger „B“ den Sitzungsschlüssel nicht kennt, muss er zunächst den chiffrierten (symmetrischen) Sitzungsschlüssel entschlüsseln. Dies erfolgt mit seinem geheimen (asymmetrischen) Schlüssel. Den so gewonnenen Sitzungsschlüssel „S“ kann er nun da-

zu verwenden, die chiffriert übermittelte Nachricht wieder zu dechiffrieren und somit Kenntnis des Nachrichteninhalts zu erlangen.

Wie bereits dargelegt, müssen bei „rein“ symmetrischen Schlüsselverfahren die verwendeten Schlüssel zwischen Sender und Empfänger „ausgetauscht“ werden. Sowohl aus technischen Gründen als auch um den direkten Austausch der unterschiedlichen Schlüssel zu vermeiden, wurden daher auch andere Verfahren entwickelt, die auf einer öffentlichen Verteilung von Schlüsseln beruhen, bei denn man sich jedoch interaktiv und gegenüber Dritten sicher auf einen Schlüssel einigt. All diese Verfahren wurden entwickelt, um wirksam den Problemen des möglichen Angriffs zu begegnen oder die gegenseitige Authentifizierung sicherzustellen.

Fazit: Zusammenfassend ist es sicher richtig, den genannten kryptographischen Methoden, der symmetrischen, der asymmetrischen und der Hybridverschlüsselung, eindeutig das Primat als wichtigster Fixpunkt zur Sicherung elektronischer Kommunikation einzuräumen. Die veröffentlichten Verfahren sind, außer wo konkret Nachteiliges bekannt ist, ausreichend sicher, damit in Abhängigkeit der gewählten Schlüssellängen eine bedrohungsadäquate, skalierbare Lösung implementiert werden kann. Hinzu kommt, dass die Sicherheit grundsätzlich im Schlüssel und nicht in der Methode liegt, daher kann der Endanwender selbst durch sorgfältigen Umgang mit seinen Schlüsseln dafür Sorge tragen, dass keine Übermittlung kompromittiert wird.

In der praktischen Umsetzung und dem Zusammenwirken einzelner kryptographischer Verfahren ergibt sich für Sender und Empfänger ein Beziehungsdreieck, bezogen auf die gemeinsam genutzte Vertrauensinstanz (Abb. 11).

Die elektronische Signatur der vom Praxisverwaltungsprogramm kommenden Patientendaten des Senders wird mit seinem eigenen, geheimen Schlüssel gefertigt. Dafür muss in der Regel eine Chipkarte eingesetzt werden, das die zu signierenden Informationen über ein „multifunktionales Chipkartenlesegerät“ (MKT) zugeleitet erhält. Die fertig signierten Daten werden dann von der Karte an das Kommunikationsprogramm zurückgegeben. Wichtig dabei ist, dass der private, geheime Schlüssel die Karte nie verlassen darf.

Der Kommunikationsclient des Senders muss darüber hinaus jederzeit auf seinen Verzeichnisdienst zugreifen können, um von dort den öffentlichen Schlüssel des gewählten Empfängers abholen zu können. Jedem öffentlichen Schlüssel ist ein Zertifikat des Trust Centers beigefügt, damit der

Sender sicher nachvollziehen kann, dass der empfangene öffentliche Schlüssel wirklich dem beabsichtigten Empfänger zugeordnet ist. Erst mit dessen öffentlichen Schlüssel wird dann die Transportverschlüsselung für die signierte Nachricht so erstellt, dass sie kein fremder Dritter mehr eröffnen kann.

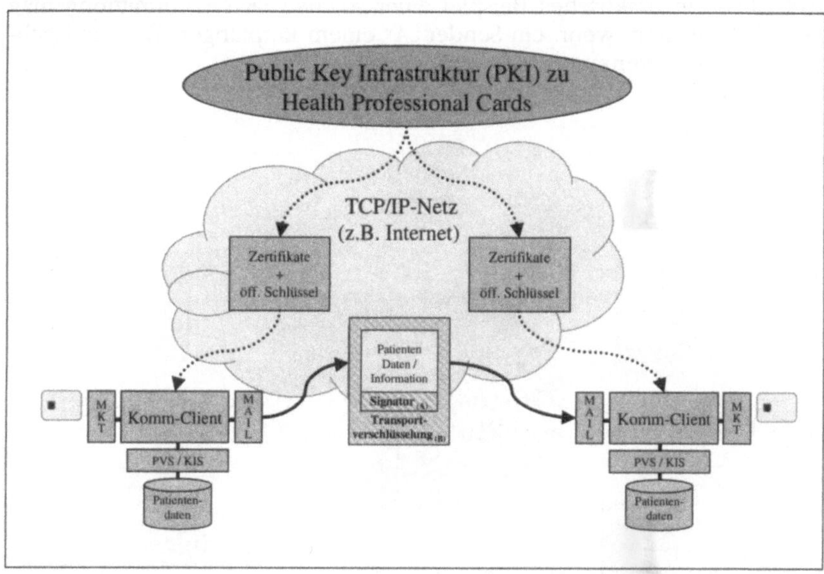

Abbildung 11: Nachrichtendreieck asymmetrisch verschlüsselter Kommunikation

Eine so signierte und verschlüsselte Nachricht kann nun vom Mail-Client jedem virtuellen privaten Netzwerk oder auch einem öffentlichen Netz anvertraut werden.

Der Empfänger muss nun zuerst die Nachricht mit seinem privaten, geheimen Schlüssel entschlüsseln und setzt hierfür seine Chipkarte und das MKT ein. Damit erhält er nun die verwertbare Information, die begleitet ist mit der Signatur des Senders. Will der Empfänger die Signatur des Senders prüfen, so muss er dessen öffentlichen Schlüssel von seinem Verzeichnisdienst erfragen. Auch kann er über das mitgelieferte Zertifikat prüfen, oder der öffentliche Schlüssel, den er abgeholt hat, wirklich dem Sender zugeordnet ist. Nun kann er mit dem öffentlichen Schlüssel des

Senders dessen elektronische Signatur auf Echtheit und die Daten auf Unverfälschtheit abschließend überprüfen[85].

Insgesamt ergibt sich also für Fertigung, Transport und Empfang einer signierten und verschlüsselten Nachricht folgender schematischer Ablauf (Abb. 12). Ein praktisches Beispiel einer solchen Datenübermittlung mag dies verdeutlichen, wenn ein Sender „A" einem Empfänger „B" eine Nachricht sicher und vertrauenswürdig übermitteln will:

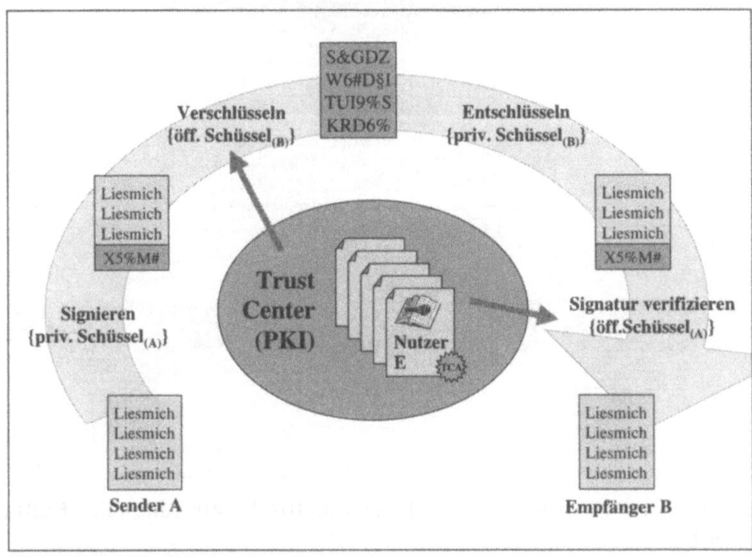

Abbildung 12: Übermittlungsablauf asymmetrisch verschlüsselter Kommunikation

Zunächst signiert der Sender die Nachricht elektronisch mit seinem privaten Schlüssel „A" (von seiner Karte). Dieser Text ist noch nicht vertrauenswürdig transportfähig, weil jeder Dritte diese Nachricht lesen könnte. Die Nachricht wird also dann unter Einsatz des öffentli-

[85] Diese Darstellung vereinfacht einige funktionelle Zusammenhänge. Für eine vollständige Darstellung der technischen Umsetzung von Hashverfahren, elektronischer Signatur, symmetrisch / asymmetrischer Hybridverschlüsselung und Interoperabilität / Cross-Certification unterschiedlicher Trust Center wird auf den Kryptoreport verwiesen [Goetz 1999a].

chen Schlüssels des Empfängers „B“ so verschlüsselt, dass nur dieser die Nachricht eröffnen kann. Diesen öffentlichen Schlüssel erhält der Sender, sofern er noch nicht darüber verfügt, z.B. von einem Trust Center.

Die Nachricht kann nun sicher elektronisch transportiert werden, auch über öffentliche Netze hinweg.

Die erste Tätigkeit des Empfängers muss nun sein, den erhaltenen Text mit seinem geheimen Schlüssel „B“ (von seiner Karte) wieder zu entschlüsseln. Anschließend kann er, wenn er will, noch die digitale Signatur des Senders „A“ überprüfen und greift dazu wiederum auf die öffentliche Schlüsselinfrastruktur zu, um sich diesen abzuholen bzw. dessen Zertifikat verifizieren zu lassen.

Die Beziehungen zwischen Trust Center (PKI) zu Sender und Empfänger zeigen, wo über die verfügbaren Schlüssel und Zertifikate einer elektronischen Schlüsselkarte hinaus, auf eine vertrauenswürdige Einrichtung oder PKI zugegriffen werden, wo also über die eigene Provenienz des Senders und Empfängers hinaus, ein gemeinsames Vertrauen bestehen muss.

5.3.2 Technisch-Physikalische und sonstige Methoden

Bei der Betrachtung physikalischer Methoden zum Schutz der Übermittlung von personenbezogenen Patientendaten vor unberechtigtem Zugriff kommt es grundsätzlich darauf an, ob leitungsgebundene oder funktechnische Übertragungsmethoden gewählt werden, da jeweils gegen andere Bedrohungen unterschiedliche Schutzmechanismen eingesetzt werden müssten.

Zunächst ist festzuhalten, dass heute bei der Übermittlung elektronischer Daten auf Leitungen sowohl analoge (d.h. frequenz- oder amplitudenmodulierte), wie auch in zunehmendem Maße digitale Verfahren eingesetzt werden, wie z.B. ISDN. In der Regel hat der Sender selbst die Kontrolle, welche dieser Methode er einsetzen will. Beide beruhen jedoch auf elektrischen Signalen, die zwischen Sender und Empfänger über gewählte Verbindungen ausgetauscht werden.

So verlassen auch bei Sprachverbindungen die Informationen an einer bestimmten Stelle die vertrauenswürdige Umgebung des Senders und kommen bei einer anderen, auch ortsgebundenen Stelle des Empfängers an und umgekehrt.

Eine solche Verbindungsstrecke wird mit dem Begriff „Datenkanal“ bezeichnet und dieser stellt als elektrischer Leiter einen klassischen Angriffsort für die Kompromittierung von Geheimnissen dar[86].

Es wird immer wieder gerne behauptet, solche Gefahren wären bei der Nutzung von ISDN „nahezu“ ausgeschlossen, da „besondere“ Mechanismen dies verhindern würden. Dies ist keinesfalls richtig, da die Übertragungsprotokolle von ISDN zwar auf einem höheren Niveau als bei analogen Übertragungen standardisiert, aber keineswegs besonders gesichert sind. Es ist nicht technisch sichergestellt, dass eine ISDN-Verbindung wirklich nur mit dem offiziell angemeldeten Gerät (Teilnehmer) zustande kommt, auf das eine bestimmte ISDN-Nummer angemeldet ist.

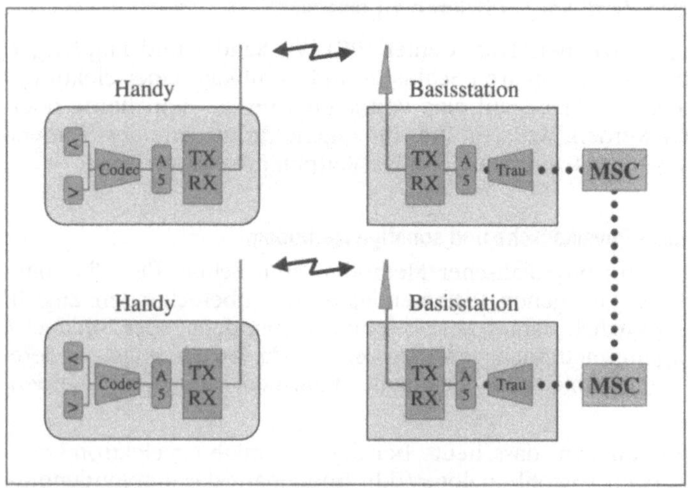

Abbildung 13: Kommunikationsstrecken im GSM

[86] Bei der Übermittlung von Geheimnissen sind zwei unterschiedliche Angriffsarten zu unterschieden. Während beim „passiven“ Angriff ein unbefugter Dritter Kenntnis der übermittelten Informationen erhält, d.h. als „Lauscher“ mithört und den Inhalt des Geheimnisses erfahren kann, greift der unbefugte Dritte beim sogenannten „aktiven“ Angriff in die übermittelte Nachricht ein und verfälscht deren Inhalt. Dieser letztgenannte Angriff wird auch gerne als der „Man in the Middle Attack“ bezeichnet.

Grundsätzlich können beide Übermittlungen (analog wie digital) mittels einfacher technischer und physikalischer Verfahren, für die heute gängige Geräte auf dem Markt verfügbar sind, „mitgelesen" oder gar verfälscht werden.

Etwas anders stellt sich die Problemlage bei der Mobilkommunikation nach dem heute gängigen „globalen Standard für Mobilkommunikation" (**GSM**) dar (Abb. 13). Ein erstes großes Manko des GSM ist, dass die Authentifizierung, d.h. der Berechtigungsbeweis, nur einseitig stattfindet. Jedes Mobiltelefon meldet sich bekanntlich bei jener Basisstation an, die zu der Zeit an dem Ort den stärksten Empfang bieten kann (innerhalb des jeweiligen Netzes, D1, D2 oder E-Plus).

Das Telefon wird zwar von diesem Netz auf Berechtigung geprüft, jedoch prüft das Telefon selbst nicht vorher, ob eine Basisstation auch wirklich vom angegebenen Netzbetreiber stammt. Jeder beliebige Angreifer könnte daher eine handelsübliche Basisstation errichten und sicher sein, dass sich alle Telefone der nächsten Umgebung hier einbuchen, eine Tatsache, die nicht einmal bemerkt werden würde, wenn der Angreifer für eine Weiterleitung der Übertragung an einen „echten" Anbieter sorgt. Wegen des Aufwands für entsprechende Gegenmaßnahmen wird dieses Gefahrenpotenzial allgemein hin jedoch in Kauf genommen.

Die eigentliche Funkstrecke nach dem GSM-Standard wird durch einen „A5" genannten Verschlüsselungsmechanismus gesichert, dieser ist jedoch mit heutigen Rechenmethoden fast in Echtzeit zu entziffern. Es kommt erschwerend hinzu, dass einer der ersten Vorgänge nach dem Empfang, die Entschlüsselung der übermittelten Funkdaten ist. Diese werden dann entweder über terrestrische Leitungen oder im gebündelten Richtfunk unverschlüsselt weitergeleitet. Eine echte Sender- zu Empfängerverschlüsselung findet grundsätzlich nicht statt, also können auch hier die klassischen Angriffe auf den Datenkanal an vielen Stellen erfolgen.

Natürlich könnte ein Sicherheitskonzept an dieser Stelle komplexe und/oder aufwendige Sicherungsmechanismen gegen die geschilderten Bedrohungen empfehlen. Es ist jedoch eine Tatsache, dass sich deren Auswahl, Einsatz und Überwachung außerhalb des direkten Einflussbereichs des Endanwenders bzw. Nutzers befinden. Kein einzelner Anwender, nicht einmal eine ganze Berufsgruppe, könnten einen direkten, wirksamen Einfluss auf eine real implementierte Sicherheitsinfrastruktur kommerziell angebotener Telekommunikationstechnologie nehmen. Dafür ist das potenziell von diesen kontrollierte Marktsegment in jedem Fall zu klein, um eine Reaktion von der Industrie zu erwarten.

Dieses Marktsegment sprechen jedoch andere Anbieter an, die speziell für das Gesundheitswesen gesicherte und abgeschottete Leitungen im Sinne VPN's anbieten[87]. Hier übernehmen die Anbieter in ihren Netzen die Bereitstellung technischer und physikalischer Mechanismen, die mit einem hohen Maß an Sicherheit, die Vertraulichkeit übermittelter Daten schützen sollen. Ein Blick hinter die Kulissen zeigt jedoch, dass auch diese Firmen ihre Leitungen wiederum von anderen Anbietern anmieten, eine heute gängige Praxis. Damit wird jedoch deutlich, dass auch die Anbieter von VPN's ihre Leitungen nicht mit technisch physikalischen Methoden, wie z.B. Abschirmung oder Entkoppelung sichern, sondern dies, wie jeder Endanwender auch, mit den Mitteln harter Kryptographie erreichen.

Fazit: Insofern kann festgehalten werden, dass der Einsatz technischer und/oder physikalischer Sicherungsmechanismen zwar theoretisch auch für Sicherheitskonzepte niedergelassener Ärzte geeignet wäre, jedoch in jedem kommerziell relevanten Fall, der Einsatz vom Endanwender außerhalb seines persönlichen Sicherheitsbereichs weder veranlasst noch kontrolliert werden kann. Für die Realisierung einer Ende-zu-Ende-Sicherung reduziert sich die praktische Beurteilung auf die Methoden der Kryptographie.

5.4 Voraussetzungen für Online-Verfahren

Aus der in Abschnitt 4 zusammengestellten Aufzählung bestehender Rechtsgrundlagen, Vorgaben und Richtlinien zur Telematik wird deutlich, dass die Übermittlung personenbezogener Daten im Gesundheitswesen nicht in einer ungeregelten Grauzone oder gar im „luftleeren Raum" stattfindet, sondern dass es gesetzliche Regelungen gibt, die von allen Beteiligten anerkannt und eingehalten werden müssen.

Jeglicher elektronischer Transport von Patientendaten setzt, neben der Einwilligung des Patienten bzw. dem Vorliegen einer entsprechenden Rechtsgrundlage, mindestens folgende Funktionalitäten voraus:

---

[87] Hierzu gehören gegenwärtig z.B. die **Secanet** AG, Hamburg, im Internet zu finden unter http://www.secanet.de, die **DGN**, Deutsche Gesundheitsnetz Service GmbH, Düsseldorf, im Internet zu finden unter http://www.dgn.de und die **telemed**, Online Service für Heilberufe GmbH, Saarbrücken, im Internet zu finden unter http://www.telemed.de (alle zuletzt geprüft: 17.09.2000).

Authentifizierung

Sichere und beweisbare gegenseitige Erkennung von Sender und Empfänger.

Authentifizierung bezeichnet die sichere und gegenseitige Erkennung „who is who“ in der Kommunikation. Wesentlich ist dabei aus ärztlicher Sicht, dass die Vergabe von dafür notwendigen elektronischen Ausweisen (sog. „Authentifizierungs-Tokens“ oder „Health Professional Cards“) nur durch involvierte Stellen, d.h. z.B. eine der Körperschaften oder sonstigen, für die Gesundheitsversorgung offiziell zuständigen Stellen, erfolgen kann und nicht z.B. durch wirtschaftlich geprägte Einrichtungen.

Wenn solche Authentifizierungs-Tokens vergeben werden, dann müssen sie auch harmonisiert und kompatibel sein, d.h. ein Apotheker muss z.B. elektronisch einen Arzt erkennen und die niedergelassenen Vertragsärzte ihrerseits müssen beispielsweise Klinikärzte erkennen. Diese Forderung gilt sowohl für den Personen- als auch für den Fachbezug.

Digitale Unterschrift

Sender und Empfänger können jederzeit Richtigkeit und Vollständigkeit jeder Nachricht beweisen.

Die digitale Unterschrift ist, technisch gesprochen, schon Bestandteil der Authentifizierung, soll aber besonders hervorgehoben werden, da hier das SigG berührt wird. Das Signaturgesetz mit den absehbaren Folgevorschriften stellt erstmalig elektronisch übermittelte oder gespeicherte Daten, die digital unterschrieben sind, auf die gleiche Rechtsgrundlage wie die allgemein bekannten Urkunden.

Nach der bisherigen Rechtsprechung tendierte der Beweiswert elektromagnetisch gespeicherter oder übermittelter Daten stark gegen Null. Das SigG macht es nun erstmalig möglich, elektronische Daten im Rechtsverkehr zu verwenden (s. Abschnitt 4.1.2, Seite 39). Darauf aufsetzend wird voraussichtlich im Laufe des Jahres 2001, die Grundlage geschaffen, dass elektronische Daten den Stellenwert von persönlich mit der Hand unterschriebenen Dokumenten erhalten (s. Abschnitt 4.1.2, Seite 45).

Verschlüsselung

Kryptographie sichert beweisbar jede Nachricht, nur der Empfänger darf Kenntnis erhalten.

Ein weiteres Thema ist die Sicherung der Daten auf dem Transportweg. Asymmetrische (vergleichsweise langsame), und symmetrische (relativ gesehen, schnellere) Kryptoverfahren, können in Kombination (als Hybridverschlüsselung) sicher und beweisbar jede Nachricht schützen. Wesentlich aus ärztlicher Sicht ist, dass nur der vom Sender benannte Empfänger Kenntnis der Nachrichteninhalte erhalten darf und sonst niemand. Dies ist eine Schwerpunktforderung an die Online-Übermittlung von Patientendaten.

Nicht-Abstreitbarkeit

> Beweisbare „Quittungen" bestätigen Versand und Erhalt klinisch relevanter Nachrichten.

Im Fachjargon hat sich hier der Begriff der „Nicht-Abstreitbarkeit" (non-repudiation) etabliert. Ein Beispiel mag dies verdeutlichen. Ein Hausarzt hat seinen Patienten behandelt und einen Brief mit Überweisung an einen Fachkollegen versandt; der Patient ist weiterhin therapiebedürftig und geht. Allein schon aus klinischer Notwendigkeit muss der Sender im Rahmen des Datenverkehrs auf ganz elementar abgesicherter Ebene den Empfang einer Nachricht beweisen können, damit er seine Sorgfaltspflicht erfüllt.

„Verfallsdatum"

> Sender wird bestimmbar über den „Nicht-Empfang" einer Nachricht informiert.

Jeder Netzwerkspezialist kennt im Rahmen der Schichten des sog. OSI-Modells[88] einen entsprechenden Ansatz. Entscheidend ist, wenn Sender und Empfänger nicht synchron (zeitgleich) miteinander kommunizieren, das heißt, wenn Daten irgendwo zwischengespeichert werden, dann muss die Ablagestelle selbst „Alarm schlagen", wenn kein Empfang zustande kommt.

---

[88] Das **O**pen **S**ystems **I**nterconnection Modell der International Standards Organization (ISO) beschreibt in sieben Schichten (Layers) die logischen Ebenen einer Kommunikationsstrecke zwischen zwei Computern mit denen alle relevanten Merkmale jeder Datenleitung beschrieben werden können: Application Layer, Presentation Layer, Session Layer , Transport Layer, Network Layer, Link Layer und Physical Layer [Halsall 1996:13]. In dem vom OSI-Modell abgeleiteten TCP/IP ist jedes Datenpaket mit einer sog. „Time to Live" (Lebensdauer) versehen.

Kein Arzt hat im Laufe des Alltagsstress die Möglichkeit, laufend den Empfang seiner Nachrichten zu überwachen. Das System muss selbst auf einen Nichtempfang aufmerksam machen, damit der Sender gegebenenfalls eigenständig notwendige Alternativmaßnahmen ergreifen kann.

5.5 Optimierung von Möglichkeiten und Risiken

In der aktuellen Diskussion über die Probleme der telematischen Kommunikation für niedergelassene Ärzte wird oftmals auf die Industrie hingewiesen, nach dem Motto: Es geht doch alles schon!

Kernpunkt dieser Argumentation ist, dass Kreditwesen und Handel, z.B. beim Online-Banking oder E-Commerce, bereits heute mit ausreichender Sicherheit Rechtsgeschäfte mittels Online-Verfahren abwickeln und hierfür, schon aus Eigennutz, wohl effiziente Schutzmechanismen entwickelt hätten. Dieses Argument ist zwar vordergründig richtig, kann jedoch einer Detailbetrachtung nicht standhalten.

Dass in puncto Sicherheit noch eine ganze Menge zu tun ist, beweisen vor allem die Betreiber selbst: Von ganz wenigen Ausnahmen abgesehen, wollen sie selber Risiko und Beweislast im Schadensfall nicht übernehmen [Teetz 2000]. Banken und Handel gehen dabei in ihrer Kommunikation mit dem Endkunden von einem bestimmbar kleinen aber dennoch vorhandenen Anteil kompromittierter Datenübermittlungen aus. Der daraus resultierende, bezifferbare wirtschaftliche Schaden wird in die Gesamtkalkulation aufgenommen und entsprechend auf alle Kunden umgelegt. Das gewählte Sicherheitsniveau wird entsprechend einer Kosten-/Nutzen-Rechnung zwischen Aufwand und Verlust auf ein wirtschaftlich für diesen Nachrichtentyp vertretbares Optimum ausgelegt.

Dies ist grundsätzlich anders im Bereich niedergelassener Ärzte. Eine Verletzung der Schweigepflicht, selbst bei einer einzigen Nachricht, kann nicht hingenommen und entsprechend „einkalkuliert" werden. Daraus folgt, dass die Sicherungsmechanismen von Banken, Handel und Industrie nicht unbesehen auf die Übermittlung personenbezogener Patientendaten im Gesundheitswesen übertragen werden dürfen. Hier müssen eigene, **bedrohungsadäquate** Sicherheitsstrukturen gefunden werden.

Als Ansatzpunkt für eine solche Optimierung zwischen zielführenden Möglichkeiten sicher zu vermeidenden Risiken, können nun die nachstehenden „grundsätzlichen Annahmen" angeboten werden, die im weitesten Sinne alle jenen abstrakten „Spielregeln" oder „Prinzipien" bezeichnen, die für alle Überlegungen zu telematischen Einzelprojekten im niedergelassenen Bereich auf Grund übergeordneter Überlegungen (z.B. Gesetze, Ethik) gelten müssen.

- **Grundsatz vergleichbarer Rechtsgüter**

  Die Telematik im Gesundheitswesen muss auf die gleichen Rechtsgüter aufbauen, genauso die Privatsphäre von Patient und Arzt schützen und effektiven Datenschutz sowie ärztliche Schweigepflicht garantieren, wie bisherige Methoden und Techniken auch.

  Durch die spezielle Anwendung telematischer Methoden im Gesundheitswesen darf keine grundsätzlich andere Rechtskultur vorausgesetzt oder aktiv herbeigeführt werden, als diese bislang im Bereich der Arzt-/Patientenbeziehung etabliert und verankert sind.

- **Kein Zulässigkeitsrückschluss aus klassischer Kommunikation**

  Es ist falsch, aus der Zulässigkeit klassischer, papiergebundener Kommunikationsformen, auf die grundsätzliche Zulässigkeit einer telematischen Übermittlung zu schließen!

  Richtig ist, dass jede elektronische Verarbeitung und/oder Übermittlung ausnahmslos eine eigene Rechtsgrundlage oder eine Einwilligung der Betroffenen zwingend erfordert.

- **Effektiver Datenschutz angeschlossener Client-Systeme**

  Grundsätzlich stellen alle Datenleitungen oder Daten-Fern-Übertragungen einen möglichen Angriffsweg auf Patientendaten der angeschlossenen Rechner dar, der zur Einhaltung der ärztlichen Schweigepflicht und Wahrung des Datenschutzes sicher ausgeschlossen werden muss.

  Internet- oder sonstige DFÜ-Anschlüsse dürfen daher immer nur von physikalisch oder logisch eigenständigen Rechnern, (sog. „Stand-Alone-Rechner") betrieben werden, auf denen **keine** Patientendaten gespeichert sind, oder von Rechnern, bei denen nachweislich zuverlässige Methoden jeden möglichen Zugriff auf diese Daten wirksam unterbinden (z.B. sog. „Firewalls").

- **Einholung einer wirksamen Einwilligung und Wahrung des informationellen Selbstbestimmungsrecht der Betroffenen**

  Jede Online-Übermittlung von personenbezogenen Patientendaten setzt immer die Einholung einer wirksamen Patienteneinwilligung voraus. Jede Online-Übermittlung von personenbezogenen Arztdaten setzt ebenfalls die wirksame Einwilligung des Betroffenen voraus.

  Jede wirksame Erklärung eines Patienten oder Arztes, als „Herr seiner Daten", muss umfassend bezeichnen, a) **wer**, b) **was** c) **zu welchem Zweck** erhalten darf. Eine weniger umfassende, unspezifische Erklärung ist nach geltender Rechtsauffassung unwirksam!

In der Regel gilt bei Daten, die direkt aus der Arzt-/Patientenbeziehung entstehen: Der Patient ist Herr aller seiner objektivierbaren Daten, während der Arzt Herr seiner objektivierbaren Daten, wie auch Herr seiner subjektiven Beurteilungen bleibt.

- **Kennzeichnung der Datenquelle und Zweckbindung im Datenkontext**

  Es ist leider allzu einfach, übermittelte Patientendaten später entgegen der ursprünglichen Freigabe für andere Zwecke einzusetzen oder weiterzuleiten oder gar deren Quelle (Urheber) zu „vergessen".

  Aus diesem Grund wird empfohlen, neben der eigenen Dokumentation, die vom Patienten festgelegte Zweckbindung der Übermittlung und eine Kennzeichnung der erhebenden Stelle, im ursprünglichen Datenkontext zu dokumentieren und immer zusammen mit diesen zu übermitteln. So wird der Empfänger auf den Urheber und Verwendungszweck zuverlässig und automatisch hingewiesen[89].

- **Nutzung „adressierter Vertraulichkeit"**

  Für die Online-Übertragung von Patientendaten ist eine wirksame Verschlüsselung zur Einhaltung der ärztlichen Schweigepflicht zwingend notwendig. Jeder Arzt trägt selbst die Verantwortung für die Einhaltung der ärztlichen Schweigepflicht. Dies ist nicht delegierbar.

  Bis zur Abstimmung und Freigabe bundesweit anders gearteter, nutzbarer Sicherheitsmechanismen sollte der Arzt deshalb in seinem Einflussbereich elektronische Nachrichten so verschlüsseln, dass nur der beabsichtigte Empfänger von diesen Kenntnis erlangen kann (sog. „adressierte Vertraulichkeit").

- **Sicherstellung der Integrität übermittelter Daten**

  Personenbezogene Patientendaten werden fast immer zur Ableitung therapeutischer Konsequenzen übermittelt. Aus diesem Grund muss nachweislich die Integrität (Unversehrtheit) der Daten sichergestellt und ggf. im Zweifelsfall vom Empfänger überprüft werden können.

  Es gibt verschiedene Verfahren, die dies ermöglichen, so z.B. Prüfsummenbildung oder digitale Signatur. Auch hier muss wieder jeder Übermittler dies in Eigenverantwortung sicherstellen und, bis zur Realisierung eines einheitlichen Verfahrens im Gesundheitswesen, die Methode jedesmal zwischen Sender und Empfänger absprechen.

---

[89] Entsprechende Ansätze finden sich in der europäischen Vornorm prENV 13606-3 „Electronic Healthcare Record Communication", Part 3 „Distributioon Rules".

- **Überprüfung der Validität übermittelter Daten**

  Selbst wenn medizinische Daten unversehrt übermittelt werden, ist dies leider noch kein Nachweis für deren Richtigkeit. Solche Daten sollten daher nie ungeprüft, unkritisch oder automatisch in eine Patientenakte übernommen werden. Letztendlich trägt jeder Arzt für den Inhalt der von ihm gespeicherten Daten die volle Verantwortung.

  Bei vielen klinischen Parametern oder Laborwerten können Programme eine entsprechende Unterstützung bei der Entdeckung von Implausiblitäten liefern. Wo solche Prüfungen nicht programmgestützt ablaufen können, muss eine vergleichbare manuelle Prüfung erfolgen oder eine entsprechende permanente Kennzeichnung in der Patientenkarte auf den ungeprüften Charakter eingelesener Werte hinweisen (vergleichbar der Aufbewahrung eines Laborbelegs).

- **Kritischer Umgang mit mehrfach-genutzten Patientendaten**

  Zentrale Sammlungen von personenbezogenen Patientendaten (u.a. im Sinne der multimedialen Patientenakte) werden wegen der vielfältigen Gefahren eines Missbrauchs und der Probleme bei deren Verwaltung zurzeit noch von den Bundes- und Landesbeauftragten für den Datenschutz abgelehnt.

  Aus diesem Grund sollten Ärzte bereits die Planung gemeinsam genutzter Bestände von Patientendaten kritisch mit großer Sorgfalt begleiten und auf technische Realisierbarkeit hin untersuchen. Jeder Patient muss wirksam jeder Übermittlung zustimmen und ggf. detailliert einzelne Übermittlungen ablehnen können.

Fazit: Die vorstehenden Abschnitte haben, ausgehend von den heute geltenden Rechtsgrundlagen und weiterführenden Empfehlungen gezeigt, dass es genügend Grundsteine gibt, für die Erarbeitung eines ganzheitlich umfassenden Sicherheitskonzepts zur Übermittlung von personenbezogenen Patientendaten bei niedergelassenen Vertragsärzten. Auch wenn noch unterschiedlich bewertet, können Grundelemente von Sicherheitskonzepten, Formen der Vertraulichkeit und relevante Risiken als bekannt vorausgesetzt werden. Den sich so ergebenden Herausforderungen stehen funktionell effiziente, methodisch geprüfte und praktisch getestete Methoden gegenüber. Dieses Bild wird nun abgerundet durch die Tatsache, dass auch die Voraussetzungen für die Entwicklung telematischer Sicherheitskonzepte im Gesundheitswesen beginnen, eine konsensfähige Struktur anzunehmen.

6 Ergebnisse

Alle vorgenannten Punkte machen deutlich, dass viele Stellen bereits wichtige Vorarbeit geleistet haben und zahlreiche Methoden und Möglichkeiten existieren zur Entwicklung telematischer Sicherheitskonzepte für niedergelassene Ärzte. Gerade in dieser Vielfalt liegt jedoch ein wesentliches Problem, da noch kein abgestimmter Konsens über eine grundlegende Orientierung festgestellt werden kann. Es existieren fast so viele Meinungen, wie es Autoren gibt, eine Situation, die keinem Endanwender als zielführend vermittelt werden kann. Ein wesentliches Ergebnis dieses Buches liegt darin, dass jetzt hier etwas mehr Transparenz geschaffen werden kann.

Dabei bietet es sich an, zwischen gesicherten Erkenntnissen und Methoden zu unterscheiden und solchen, die nach heutiger Kenntnis abzulehnen sind. Ferner muss auch erkannt werden, dass es noch immer eine Reihe von Notwendigkeit bzw. Bedürfnissen gibt, für die zwar unterschiedliche, exemplarische Lösungsansätze existieren, die aber noch nicht abschließend beurteilt werden können, oder für die noch überhaupt keine befriedigende Lösung absehbar ist; die methodischen Lücken des Systems der Gesundheitstelematik, wie z.B. die kombinierte Vertraulichkeit für das elektronische Rezept (s. Abschnitt 6.3.1, Seite 122).

Hier wird vorgeschlagen, als Systematik die genannte Dreiteilung zu nutzen, die für die Weiterentwicklung telematischer Sicherheitskonzepte Transparenz schafft und nützliche Impulse liefern kann. Dieser Ansatz macht auch deutlich, dass ein entsprechendes Konzept nicht erst „ex novo“ geschaffen werden muss, sondern dass nur eine stufenweise Weiterentwicklung das Gesamtsystem weiterbringen kann.

6.1 Gesicherte Methoden

Ausgehend von bereits abgestimmten Beschlüssen maßgeblicher Einrichtungen des Gesundheitswesens kann mit den heutigen Erfahrungen eine Reihe von Ansätzen schon jetzt als tragfähig für die künftige Nutzung bezeichnet werden. Diese Methoden sind entweder selbst als interoperable „de facto“ Standards angelegt oder bilden einen Kristallisationspunkt für die Etablierung von funktionell nützlichen Folgestandards. Die weitere Entwicklung dieser Ansätze hin zum flächendeckenden Einsatz scheint auf jeden Fall absehbar bzw. sollte aktiv vorangetrieben werden. Neuentwicklungen oder Gegenvorschläge zu betreiben, wäre kontraproduktiv.

6.1.1 Elektronischer Arztausweis

Bereits während der Einführung der Krankenversichertenkarte[90] 1993/1994 dachten erste Ärztekammern über die Ausgabe eines neuen Arztausweises in Scheckkartenform nach. Da zwischenzeitlich auch die Diskussion über die digitale Signatur in Gang gekommen war, war es nahe liegend, die Überlegungen in Richtung eines elektronischen Ausweises mit zusätzlichen Funktionalitäten zu lenken.

Für eine erste Konkretisierung wurde im Juni 1996 die gemeinsame Arbeitsgruppe „Elektronischer Arztausweis" der BÄK und der KBV unter der Geschäftsführung der Landesärztekammer Westfalen-Lippe gegründet. Aufgabe war es, ein Konzept zu erarbeiten, wie die bisherige Funktion des klassischen Arztausweises und die neuen Anforderungen bzw. Möglichkeiten einer „Karte für Ärzte" zusammengeführt werden könnten. Außerdem war zu klären, welche Infrastruktur bei den Körperschaften aufzubauen ist, um zum Beispiel Zertifizierungsverfahren für Schlüssel zum Zweck der digitalen Signatur durchführen zu können.

Ende 1997 fand auf Einladung der KBV und der BÄK ein großes, interdisziplinäres Gespräch statt, zur Zusammenarbeit von Zertifizierungsstellen, an dem nahezu alle Einrichtungen teilnahmen, die im deutschen Gesundheitswesen potenziell Kommunikationsbedarf miteinander haben. Dabei wurde nach Methoden gesucht, Health Professional Cards in Deutschland einzuführen, an denen sich die unterschiedlichen Teilnehmer im Gesundheitswesen gegenseitig elektronisch erkennen könnten und die über die notwendige, harte Kryptographie verfügten, die für eine vertrauenswürdige Kommunikation im Gesundheitswesen Vorbedingung ist.

Das Ergebnis dieses Gesprächs war, dass jene Arbeitsgruppen, die sich damals schon damit beschäftigen, weiterhin daran arbeiten sollten, jedoch mit der zusätzlichen Aufgabe, die ersten, so entstehenden Ausweise auch als Modell für die anderen Berufe im Gesundheitswesen nutzbar zu entwerfen.

---

[90] Der Text des Verfassers aus dem der nachstehende Abschnitt entnommen wurde, wird voraussichtlich veröffentlicht als: Goetz, C., Sembritzki, J.: Der Elektronische Arztausweis „HCP-D (Arzt)", Aktueller Sachstand der ersten Health Professional Card in Deutschland, in: Jäckel A. (Hrsg), Telemedizinführer Deutschland, Ausgabe 2001

So wurde im März 1998 von der Arbeitsgruppe unter Federführung des „Zentralinstituts für die kassenärztliche Versorgung in der Bundesrepublik" (**ZI**) der Auftrag erteilt zur Erstellung einer technischen Spezifikation für den Elektronischen Arztausweis für Deutschland, die so genannte „HPC-D (Arzt)" [91]. Zwischenversionen wurden dabei mehrfach veröffentlicht im Sinne von „Requests For Comment" (**RFC**), um der Industrie und anderen Partnern im Gesundheitswesen die Möglichkeiten für entsprechende Kommentierungen zu geben. Seit Juli 1999 liegt nun die Version 1.1 vor und ist seit dem Dezember 1999 für Pilotprojekte offiziell freigegeben[92].

6.1.1.1 Funktionen der HPC-D (Arzt)

Die Spezifikation für den elektronischen Arztausweis erhebt den Anspruch, ausbaufähig zu sein für andere Teilnehmer im Gesundheitswesen. Dies wird ausdrücklich in ihrem Vorwort ausgesprochen. So wurde an einer Reihe von Stellen bewusst eine Variationsbreite eingebaut, in der sich auch andere Berufsgruppen abbilden und wieder finden können. Festzuhalten ist, dass der elektronische Arztausweis von seinem Aufbau her rollen- und anwendungsneutral gestaltet ist und dabei folgende fünf unterschiedliche Funktionen unterstützt (Abb. 14):

1. **Elektronischer Arztausweis als Sichtausweis**

   Der elektronische Arztausweis dient zum Ersten - und dies wird bei Darstellungen oftmals übersehen - als reiner Sichtausweis. Dazu ist er an prominenter Stelle mit der Bezeichnung „Arztausweis" und dem Bild des Inhabers ausgestattet, zeigt Namen und Buchnummer des Arztes, weist die ausstellende Landesärztekammer namentlich aus und verfügt als Sicherheitsmerkmal über ein holographisches Abbild. Auf der Rückseite findet sich eine Wiederholung von Namen und Geburtsdatum des Arztes, wie auch dessen Unterschrift.

   In summa soll der elektronische Arztausweis den heute gängigen, blauen Papierausweis, den viele Ärzte in der Tasche tragen, in der Funktion eines Sichtausweises voll und ganz ersetzen können.

---

[91] Ein Akronym aus „**H**ealth **P**rofessional **C**ard für **D**eutschland in der Ausprägung **Arzt**", eine Bezeichnungssystematik, in der auch andere HPC' s anderer Länder abgebildet werden können, wie z.B. der elektronische Apothekerausweis für Frankreich „HPC-F (Pharmacien)".

[92] Die Spezifikation ist im Internet zu finden unter http://www.hcp-protokoll.de -> „Arztausweis" bzw. auch auf den Seiten des Zentralinstituts unter http:// www.zi-koeln.de -> „Veröffentlichungen" (beide zuletzt geprüft: 17.09.2000).

2. **Elektronische Basisfunktion des Arztausweises**

   Grundelement des Ausweises ist aus technischer Sicht eine Datei mit den „elektronischen Ausweisdaten". Jeder Arzt kann sich mit seiner „Health Professional Data" (**HPD**) im Ausweisdatensatz auf einfache Weise elektronisch zu erkennen geben. Mittels der HPD identifiziert sich der Arzt in seiner Eigenschaft mit dem englischen Begriff „Physician". Zusätzlich kann eine elektronische Kopie des auf dem Ausweis aufgebrachten Bildes des Arztes im Chip wiederholt werden.

   Diese Struktur wurde bewusst einfach und nicht in Deutsch gefasst, damit der Ausweis auch über den deutschsprachigen Raum hinaus „erkannt" und genutzt werden kann. Die HPD des Ausweises ist elektronisch unterschrieben durch die ausstellende Ärztekammer. Diese Funktion wird alleine durch Stecken des Ausweises verfügbar, ist als Pendant zum einfachen Sichtausweis angelegt und daher für die Nutzung in ansonsten abgesicherter Umgebung gedacht.

Schlüsselpaare des Arztausweises

Nach Eingabe einer PIN[93] zur Authentifizierung des Nutzers gegenüber der Karte werden insgesamt drei asymmetrische Schlüsselpaare verfügbar, deren jeweilige Nutzung zweckgebunden vorgegeben ist:

3. Zunächst dient ein erstes Schlüsselpaar der **„harten" Authentifizierung** gegenüber einem Client-Server mittels asymmetrischer Verfahren, d.h. einer sicheren, vertrauenswürdigen, schlüsselbasierten Erkennung des Arztes gegenüber einem beliebigen Rechnersystem, z.B. einem Praxiscomputer oder Krankenhausinformations-System.

4. Ein zweites Schlüsselpaar dient ausschließlich der Herstellung einer wirksamen **Transportverschlüsselung**. Da jede Verschlüsselung auf der Basis asymmetrischer Schlüssel für umfangreiche Daten viel zu langsam wäre, geht man hier den Weg einer sog. „hybriden", asymmetrisch-symmetrisch gemischten Verschlüsselung. Im Prinzip kann mit diesem Verfahren jedes beliebige Dokument so verschlüsselt werden, dass sich der Sender sicher sein kann, dass nur der beabsichtigte Empfänger dieses zu öffnen vermag und zwar über den Umweg des mitgeschickten aber geheim verschlüsselten Session-Key.

---

[93] Englisch: **P**ersonal **I**dentification **N**umber, persönliche Geheimzahl, wie z.B. bei einer EC-Karte

5. Das dritte Schlüsselpaar dient der **elektronischen, SigG-konformen Unterschrift**. Dies impliziert natürlich einen hohen Sicherheitsstandard der benötigten Komponenten und deren Zertifizierung, wie er im Signaturgesetz vorgeschrieben ist. Mit dieser kann ein beliebiger Text oder beliebige Daten so rechtssicher „unterschrieben" werden, wie dies im Signaturgesetz vorgesehen ist.

   Zusätzlich können dieser Unterschrift auch gleichzeitig ein oder mehrere, sog. „Attributszertifikate" beigefügt werden. Will der Nutzer „nur" als Arzt unterschreiben, so beschränkt er sich auf sein Basiszertifikat. Darüber hinaus kann er jeweils eine oder mehrere der ihm zugeordneten Attributszertifikate nutzen, wie sie in der Spezifikation definiert sind, wenn er will. Hierzu zählen z.B. Angaben über Gebietsbezeichnungen (wie Chirurgie), Schwerpunkte (wie Gefäßchirurgie), ärztliche Zusatztitel (wie Chirotherapie) oder Genehmigungen der KV (wie Laserchirurgie).

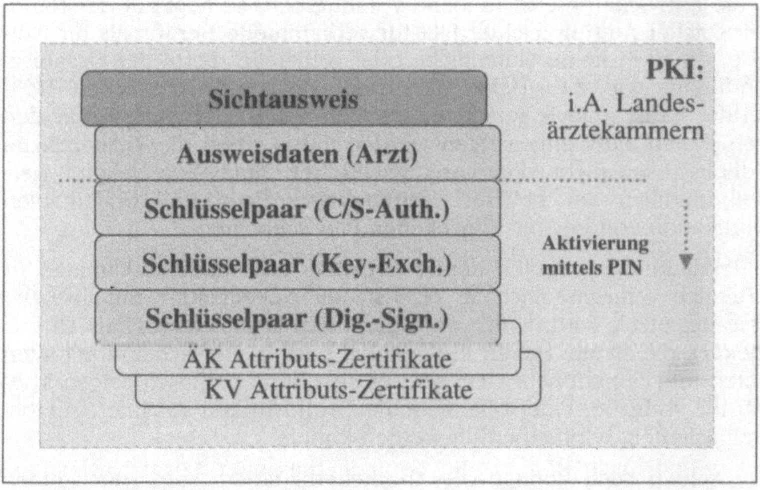

Abbildung 14: Funktionen der HPC-D (Arzt) als Personenausweis

Insgesamt lässt sich die rollen- und anwendungsneutrale Grundstruktur des elektronischen Arztausweises als Muster für andere Berufsgruppen im Gesundheitswesen heranziehen.

6.1.1.2 Weitere HPC's im Gesundheitswesen

Dem interdisziplinären Beschluss der Einrichtungen des deutschen Gesundheitswesens von 1998 folgend, beinhaltet die heute vorliegende Spezifikation der Ärzteschaft HPC-D (Arzt) eine rollen- und anwendungsneutrale Grundstruktur, mittels derer sich auch andere Berufsgruppen abbilden können. Dieser gemeinschaftlich nutzbare Ansatz bietet die Voraussetzungen für eine echte, funktionierende Interoperabilität kommender elektronischer Ausweise für die unterschiedlichen Akteure der Gesundheitsversorgung und ist eine der wesentlichen Vorbedingungen für den vertrauenswürdigen Einsatz der Telematik.

Grundsätzlich könnte ab sofort jede Einrichtung des Gesundheitswesens ausgehend von der Spezifikation HPC-D (Arzt) eine vergleichbare Spezifikation für ihre Mitglieder in Auftrag geben, wenn eine entsprechende Zuständigkeit und Akzeptanz der betroffenen Personen gesichert ist. Dies würde die Entwicklung entscheidend vorantreiben. Es liegt auf der Hand, dass ein solcher Auftrag leichter fällt für verkammerte Berufe, als für Nutzerkreise, die über keine einheitliche oder „offizielle" Form der Organisation verfügen, wie z.B. Hebammen oder die unterschiedlichen Heil-Hilfsberufe. Es ist jedoch gerade dieses Spannungsverhältnis, das in den nächsten Jahren aktiv angegangen werden muss, wenn die Telematik im Gesundheitswesen nicht einer ihrer wichtigsten Nutzwerte beraubt werden soll, nämlich der sicheren, vertrauenswürdigen und praktikablen Kommunikation von personenbezogenen Patientendaten.

Erste Rückmeldungen deuten darauf hin, dass die Apothekerkammer für ihren Bereich wahrscheinlich als Nächste die Spezifikation auf ihre Bedürfnisse umsetzen wird. Somit wäre dann der Apothekerausweis HPC-D (Apotheker), die zweite Health Professional Card in Deutschland mit allen genannten fünf Funktionen. Hier wird es sich dann praktisch zeigen können, ob die Aufgabe, eine rollenneutrale Grundstruktur für interoperable HPC's zu schaffen, wirklich erfüllt werden konnte.

Allem Anschein nach können die Apothekerkammern sogar noch einen Schritt weiter gehen, da sie nicht nur alle Apotheker in Deutschland registriert haben, sondern auch alle deren Einrichtungen, die Apotheken. Somit hätte die Kammer hier die Möglichkeit, über die bisherigen personenbezogenen HPC's hinaus, auch eine elektronische Institutionskarte verantwortlich herauszugeben.

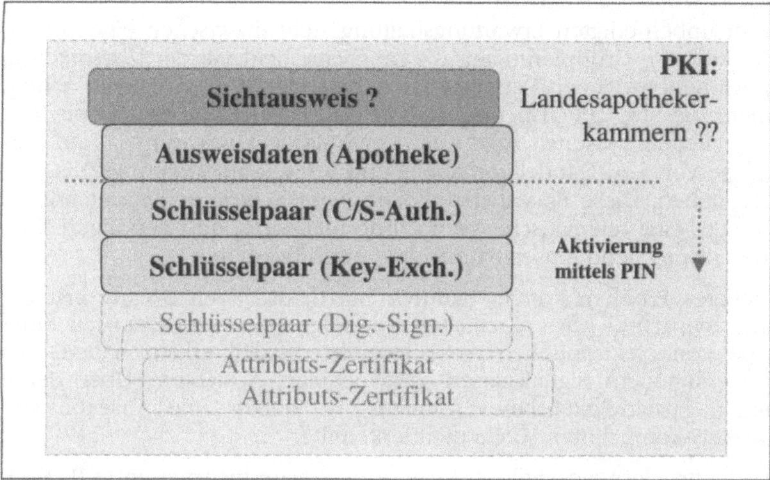

Abbildung 15: Mögliche Funktionen der HPC-D (Apotheke) als Institutionsausweis

Zwar ist nach geltender Rechtslage die Funktion einer elektronischen Signatur mit allen Rechtsfolgen nach dem Signaturgesetz auf Personen beschränkt, trotzdem könnten solche Institutionsausweise alle anderen Funktionen der gegenwärtigen Spezifikation HPC-D abbilden und mit den personenbezogenen Ausweisen interoperabel sein (Abb. 15). Ein spannender, neuer Ansatz.

6.1.2 Übergangslösungen nach dem Prinzip „Haben und Wissen"

Nach der Veröffentlichung der Spezifikation des elektronischen Arztausweises erwarteten Beteiligten, dass nun zeitnah mit entsprechenden Pilotprojekte begonnen werden könnte. Konkret hatten sich die Landesärztekammern von vier Bundesländern (Bayern, Baden-Württemberg, Niedersachsen und Westfalen-Lippe) dazu bereit erklärt, den Anfang zu machen.

Als es dann zu ersten Umsetzungen kommen sollte, waren jene Partner der Industrie, die vorher intensives Interesse bekundet hatten nicht in der Lage bzw. hatten kein erkennbares Interesse, spezifikationskonforme Karten in den benötigten, kleinen Stückzahlen zu liefern. Erst seit sich das ZI dazu bereit erklärt hat hier koordinierend zu wirken, scheint das Dilemma von Angebot und Nachfrage entschärft. Trotzdem wird es vermutlich noch über den Jahreswechsel 2000/2001 hinaus dauern, bis erste, echte Arztausweise in Stückzahlen verfügbar werden.

In dieser unbefriedigten Erwartungshaltung steht inzwischen eine zunehmende Zahl von Gruppierungen, die möglichst bald mit der Übermittlung von personenbezogenen Patientendaten beginnen wollen. Hierzu zählen vor allem die sog. „Praxisnetze", die sich aus der organisatorischen Vernetzung niedergelassener Ärzte und stationärer Einrichtungen auf der Grundlage von § 64 (Modellvorhaben) und § 73a (Strukturverträge) SGB V gebildet haben. Diese Praxisnetze wollen heute schon, neben der organisatorischen, eine telematische Vernetzung realisieren und benötigen hierzu eine entsprechend einsetzbare Sicherheitsinfrastruktur.

Ein weiteres Problem kommt dadurch hinzu, dass sich bislang erst die Ärztekammern und Kassenärztlichen Vereinigungen gemeinsam zu einer Ausgabe von elektronischen Arztausweisen offiziell erklärt haben. Die Apothekerkammern signalisierten vergleichbare Absichten. Über deren jeweiligen Zuständigkeitsbereich hinaus, ist jedoch eine Ausgabe von Arztausweis-kompatiblen HPC's nicht erkennbar.

Das bedeutet, dass wesentliche Akteure im Gesundheitswesen (z.B. Heil-/Hilfsberufe oder Notfalldienste) auf absehbare Zeit keinen „offiziellen", kompatiblen elektronischen Ausweisen haben, trotzdem aber in eine Kommunikation einbezogen werden wollen.

In der nun absehbaren Zeit bis zur flächenwirksamen Verfügbarkeit von elektronischen Ausweisen nach der Spezifikation HPC-D (Arzt) für Ärzte und vergleichbaren Varianten für andere Berufsgruppen des Gesundheitswesens müssen Übergangslösungen gefunden werden.

Ein denkbarer Ansatz wäre die Nutzung verfügbarer Verschlüsselungsprogramme, wie z.B. PGP[94]. Diese Programme sind für die unterschiedlichsten Betriebssysteme verfügbar und bieten für fast alle heute gängigen Mail-Programme die notwendigen Ergänzungen für die Herstellung einer effizienten Transportverschlüsselung und Fertigung einer elektronischen Signatur. Insbesondere PGP ist schon seit geraumer Zeit verfügbar und bietet z.B. unter den MS-Windows Betriebssystemvarianten eine verständ-

[94] Das Programm PGP („**P**retty **G**ood **P**rivacy" von Philip Zimmermann) ist inzwischen weithin bekannt und stellt etwas von einem de facto Standard dar, nicht zuletzt da es für den privaten Gebrauch kostenlos genutzt werden darf. Das Programm ist im Internet zu finden unter http://www.pgpi.org, (zuletzt geprüft am 17.09.2000).

liche Bedieneroberfläche und anerkannte Kryptographie gepaart mit einer ausreichenden Performanz[95].

Ein besonderer Vorteil liegt in der Tatsache, dass die Ver- und Entschlüsselung von Dateien oder Nachrichten durch beliebige Varianten von PGP (aufwärts) interoperabel sind.

Während daher der Einsatz von PGP im Einzelfall nicht abzulehnen ist, kann das System für den Routineeinsatz jedoch nicht empfohlen werden, da sich die von dem Programm unterstützte Schlüsselverteilung nicht auf die Zuständigkeiten im Gesundheitswesen abbilden lässt[96]. Hinzu kommt, dass die Authentifizierungskomponente gegenüber dem System i.d.R. lediglich aus einem Passwort besteht. Dies wird für den harten Dauereinsatz in der niedergelassenen Praxis nicht als ausreichend für Gesundheitsdaten erachtet.

Aus allen diesen Gründen wird gegenwärtig von einigen Körperschaften, wie z.B. der Kassenärztliche Vereinigung Bayerns, die Empfehlung gegeben, für den Zweck der Transportverschlüsselung und elektronischen Signatur ausschließlich Verschlüsselungsmethoden nach den Prinzip „Haben und Wissen“ einzusetzen. Diese Empfehlung wird jedoch begleitet mit dem klaren Hinweis, dass es sich dabei nur um eine Zwischenlösung handeln kann, die nach Verfügbarkeit von offiziellen HPC‘s wieder ausgetauscht werden sollte.

Gegenwärtig sind insgesamt fünf Firmen bekannt, die elektronische Ausweise in Form von Chipkarten und eine „Public Key Infrastructure“ (**PKI**) zusammen mit entsprechender Clientsoftware für asymmetrisch-symmetrische Hybridverfahren zur Transportverschlüsselung und elektronischen Signatur von Dokumenten und E-Mails für niedergelassene Ärzte anbieten:

---

[95] PGP unterstützt in der aktuellen Version (Version 6.5.1) mit den asymmetrischen Verfahren für elektronische Signaturen „RSA“ (mit 1024 Bit) und dem Schlüsselaustauschverfahren „Diffie-Hellmann DSS“ (bis 4096 Bit) eine an sich ausreichend „harte“ Kryptographie für den Einsatz im Gesundheitswesen. Als symmetrische Ver- und Entschlüsselungsverfahren stehen CAST, IDEA und Triple DES zur Verfügung. Somit sind alle notwendigen Komponenten vereint, die notwendig sind, im Einzelfall für den Einsatz auch im Gesundheitswesen herangezogen zu werden.

[96] PGP löst die Schlüsselverteilung, d.h. die Weitergabe der öffentlichen Schlüssel mittels eines sog. „Web of Trust“ bei dem jeder jeden Schüssel „unterschreiben“ und damit für gültig erklären kann. Unbekannte Schlüssel werden anerkannt, wenn diese von anderen, dem Nutzer bekannten Schlüsseln unterschrieben sind.

- **Signtrust**, Deutsche Post AG, Bonn, http://www.signtrust.deutschepost.de
- **T-TeleSec**, Deutsche Telekom AG, Netthen, http://www.telekom.de/t-telesec/
- **DGN**, Deutsches Gesundheitsnetz Service GmbH, Düsseldorf, http://www.dgn.de
- **Secanet** AG, Hamburg, http://www.secanet.de
- **telemed**, Online Service für Heilberufe GmbH, Saarbrücken, http://www.telemed.de

Die ersten beiden Anbieter haben ihre Systeme nach dem bisher geltenden SigG prüfen lassen und eine entsprechende Zulassung von der RegTP erhalten. Sie sind somit Signaturgesetz konform. Die anderen drei Systeme haben diese Anerkennung bislang entweder nicht angestrebt oder noch nicht erhalten. Dennoch sind die von allen drei verwendeten Methoden und Sicherheitssysteme als ausreichend für den Einsatz im Gesundheitswesen zu bezeichnen.

Die Freude über diese Angebote wird jedoch durch einen Wermutstropfen getrübt. Alle fünf Systeme funktionieren ausschließlich mit Client-Programmen innerhalb des gleichen Systems. Die Systeme sind zwischeneinander nicht interoperabel. Dies bedeutet, dass alle potenziellen Nutzer, die miteinander kommunizieren wollen, sich vorab auf genau ein System einigen müssen. Während eine solche Absprache noch für ganze Einrichtungen oder abgeschlossene Praxisnetze denkbar wäre, muss doch festgestellt werden, dass es sich hierbei nur um eine Übergangslösung handeln kann, eine Tatsache, die mindestens die drei letzteren auch ganz offiziell bestätigen.

6.1.3 Adressierte Vertraulichkeit mittels HCP-Protokoll

Das so genannte „Health Care Professionals‘ Protocol“, zu Deutsch, „HCP-Protokoll“, (**HCPP**)[97], das 1998 als gemeinsames Projekt der „Kassenärztlichen Vereinigung Bayerns“ (**KVB**) und der „Bayerischen Landesärztekam-

---

[97] Der Text des Verfassers aus dem der nachstehende Abschnitt entnommen wurde, wird voraussichtlich veröffentlicht als: Goetz, C., Locher, K.: Aktueller Sachstand der Entwicklung des HCP-Protokolls, in: Jäckel A. (Hrsg), Telemedizinführer Deutschland, Ausgabe 2001.

mer“ (**BLÄK**) begonnen und aus Mitteln von Bayern Online II gefördert wird, will eine einheitliche, konsensfähige und interoperable Basis als technische und infrastrukturelle Mindestanforderung beschreiben, für einen ersten Nachrichtenaustausch zwischen heterogenen und unterschiedlichen Systemen im Gesundheitswesen, ausgehend vom Elektronischen Arztausweis für Deutschland, dem HPC-D (Arzt). Dabei stützt sich das Konzept des HCP-Protokolls auf erkennbar sichere und absehbar konsensfähige Methoden, in Abstimmung mit ärztlichen Körperschaften und wichtigen Einrichtungen des Gesundheitswesens. Dies wiederum bedingt eine Beschränkung auf jene Funktionen, für die heute schon offiziell vertretbare Lösungen absehbar sind.

6.1.3.1 Funktionsweise des HCP-Protokolls

Das HCP-Protokoll beschreibt den Aufbau, die Verschlüsselung, den Versand wie auch den Empfang, die Entschlüsselung, Weiterleitung und Beantwortung von abgeschlossenen Nachrichtenblöcken für den Austausch schützenswerter, typischerweise personenbezogener Patientendaten im Sinne einer „adressierten“ oder „gerichteten“ Vertraulichkeit. Das HCP-Protokoll beschreibt hingegen **keine** Lösung für die Herstellung einer sog. „kombinierten“ oder „indirekten“ Vertraulichkeit.

Das HCP-Protokoll ist ein so genanntes „Anwenderprotokoll“ (auf dem OSI Applikation Layer [Halsall 1996:14]), das die Information in Form von elektronischer Post (E-Mails) über ein TCP/IP-Netzwerk in so genannten **HCPP-Paketen** versendet mit den Nutzdaten als Attachments. Die Spezifikation macht konkrete Vorgaben für alle nötigen Funktionen:

- zur **Authentifizierung** mittels harmonisierter Health Professional Cards, die im Auftrag von Einrichtungen des Gesundheitswesen vergeben werden,
- für die sichere **Transportverschlüsselung** mittels eines asymmetrisch-symmetrischen Hybridmodells mit digitaler Unterschrift und Integritätsbeweis,
- zur Herstellung einer wirksamen **Nicht-Abstreitbarkeit** sowohl von Versand wie auch von Empfang
- und schließlich Implementierungs-Richtlinien, damit Nachrichten mit einem „**Verfallsdatum**“ und einer automatischen Warnfunktion beim Überschreiten von vorgegebenen Laufzeiten versehen werden können.

Alle Rahmenbedingungen für eine sichere und vertrauenswürdige Implementierung werden in der Spezifikation im notwendigen Umfang nur so weit als Pflicht („mandatory") beschrieben, wie für den Einsatz im Gesundheitswesen unbedingt notwendig. Damit soll ausdrücklich keine besondere Ausprägung eines Softwaresystems oder die spezifische Form einer Implementierung vorgeschrieben werden.

Die Beschreibung des konkreten Austauschs von Nachrichten und/oder deren Inhalten mit einem „Praxisverwaltungssystem" (**PVS**) oder „Krankenhaus-Informationssystem" (**KIS**) ist in der Spezifikation bewusst nicht festgelegt und klar außerhalb des Rahmens dessen Anspruchs. Ebenfalls außerhalb des Rahmens der Spezifikation ist die Beschreibung einer ordnungsgemäßen Dokumentation versandter oder empfangener Nachrichten gemäß Berufsrecht, die allgemein im Gesundheitswesen zwingend notwendig ist. Hier sollen und müssen sich unterschiedliche Implementierungen nach den Kundenwünschen und sonst geltenden Vorschriften richten.

6.1.3.2 Grobstruktur einer HCPP-Nachricht

Das HCP-Protokoll dient dem Austausch von sog. **HCPP-Paketen**, deren Bearbeitung durch das HCPP-Subsystem und Bereitstellung für ein PVS/KIS. Dabei sind die HCPP-Pakete abgeschlossene Dateneinheiten, die als E-Mail gemäß RFC 822 an einen oder an mehrere Empfänger gesendet werden können.

Es gibt grundsätzlich zwei verschiedene Arten von HCPP-Paketen, die sog. **HCPP-Nachrichten**, welche beispielsweise die Patientendaten transportieren und die **HCPP-Quittungen**, die immer als Antwort auf die Ersten gesendet werden.

Die zu übertragenden **Nutzdaten** einer HCPP-Nachricht befinden sich zusammen mit einer in XML[98] definierten **HCPP-Steuerungsdatei** innerhalb des Bodys (Körpers) der „Multipurpose Internet Message Extension" (**MIME**) Nachricht (Abb. 16). Die Nutzdaten selbst können dabei aus einem oder mehreren abgeschlossenen Abschnitten bestehen. HCPP-

[98] Die E**x**tensible **M**arkup **L**anguage ist ein aus der Sprache SGML (Standardized General Markup Language) entwickelter Sprachstandard, der sich den Angaben des World Wide Web Consortiums (W3C) zu Folge als wichtiger Internet-Standard etablieren wird.

Quittungen hingegen enthalten nur die HCPP-Steuerungsdatei ohne einen eigenen Nutzdatenabschnitt.

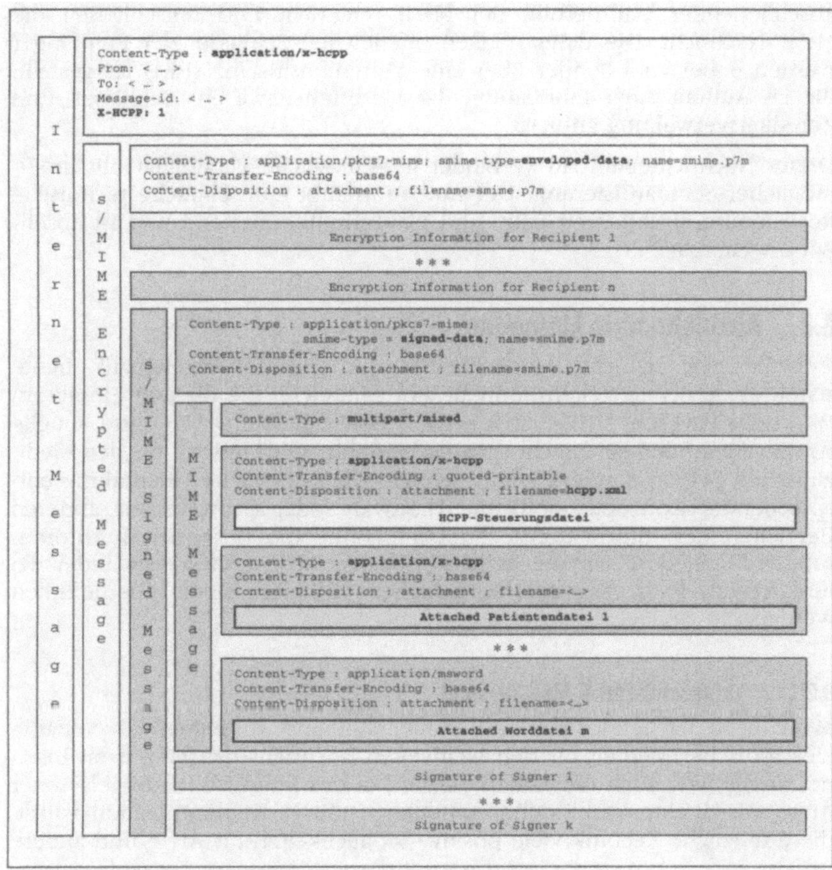

Abbildung 16: Grobstruktur einer HCPP-Nachricht

Der RFC 822 Body eines HCPP-Pakets ist gemäß MIME[99] bzw. **s/MIME**[100] aufgebaut. Die **MIME**-Header sind dabei die „innersten" Header in der

[99] **M**ultipurpose **I**nternet **M**ail **E**xtensions, heute im Internet gebräuchlicher Standard für die Übertragung von Schriften, Farben und weiteren Eigenschaften in E-Mail-Nachichten.

HCPP-Nachricht und geben den Typ der in der HCPP-Nachricht enthaltenen Daten an. Die **s/MIME**-Header entstehen nach der Signierung und anschließender Chiffrierung der MIME-Nachricht und umschließen die MIME-Nachricht. Die dafür nötigen öffentlichen Schlüssel der Empfänger werden dabei vom Sender über eine Vertrauensinstanz (PKI) festgestellt, die im Auftrag einer Einrichtung des Gesundheitswesens Schlüssel- und Zertifikatsverwaltung anbietet.

Dieser Nachrichtenaufbau verbindet größtmögliche Flexibilität mit größtmöglicher Standardisierung. Der Aufbau erlaubt eine einfache technische Realisierung, funktioniert netz- und plattform-übergreifend und ist absehbar erweiterbar[101].

6.2 Abzulehnende Methoden

Genauso wie manche Möglichkeiten der Gesundheitstelematik heute schon als gesichert gelten können, gibt es andere, die für den Einsatz im Gesundheitswesen sicher abgelehnt werden müssen. Häufigste Quelle solcher Methoden sind nicht spezifische Fehlentwicklungen für den medizinischen Sektor, sondern i.d.R. vielmehr die unkritische Übernahme entsprechender Konzepte, Software, Hardware oder Orgware aus anderen Bereichen der Informationstechnologie, ohne die besonderen Anforderungen für niedergelassene Ärzte zu beachten. Nicht alles, was anderswo funktioniert, kann aus unterschiedlichen Gründen direkt übernommen werden.

6.2.1 Ungeschützter E-Mail-Versand

Mit nahezu flächendeckender Verfügbarkeit und zunehmender Nutzung elektronischer Medien für den weltweiten Nachrichtenaustausch im Internet drängt jetzt auch der E-Mail-Versand in das Interesse niedergelassener Ärzte. Als direkte Verbindung computergestützter Kommunikation würde diese nützliche Technik viele positive Möglichkeiten für Ärzte und andere

---

[100] Standard für eine verschlüsselte und / oder signierte MIME-Nachricht. Die Weiterentwicklung wird als „secure-MIME“ bezeichnet.

[101] Details zum Nachrichtenaufbau und zum Inhalt des Steuerblocks werden in der HCPP-Spezifikation ausführlich beschreiben. Diese findet sich im Internet unter http://www.hcp-protokoll.de (zuletzt geprüft: 17.09.2000).

Heilberufe zum schnellen und problemlosen Austausch medizinischer Patienten- und Verwaltungsdaten eröffnen.

Trotzdem kann diese Technik ohne Modifikation nicht für wesentliche Bereiche des Gesundheitswesens befürwortet werden, da gerade hier häufig personenbezogene Patientendaten oder sonstige vertrauliche Daten übermittelt werden sollen und entsprechende Sicherungsmaßnahmen vielfach fehlen. So simpel und praktisch heutiger E-Mail-Versand erscheint, so einfach ist es auch, den zunächst offenen **Postkarten**charakter aller Nachrichten zu vergessen.

Jede Zwischenstelle kann ungesicherte E-Mails unterwegs problemlos lesen, kopieren oder verändern. Einfaches E-Mail garantiert keine Vertraulichkeit übermittelter Inhalte. Heute gängige E-Mail-Protokolle sichern nicht einmal die übermittelten Inhalte gegen Veränderung. Somit können aber nicht nur klassische „Inhalte" gefälscht sein. Es gibt keine garantierte Erkennbarkeit des Senders, da auch diese Information im E-Mail-Header steht und gefälscht werden kann.

Es ist unbestritten, dass bei jeder Übermittlung von personenbezogenen Patientendaten der Datenschutz und die Einhaltung der ärztlichen Schweigepflicht immer an erster Stelle stehen müssen. Ohne zusätzliche Sicherheitsmaßnahmen, im direkten Einflussbereich des veranlassenden niedergelassenen Arztes, ist der Einsatz von normalem elektronischem Postversand für personenbezogene Patientendaten sicher abzulehnen.

6.2.2 Zentrale Sammlungen von Patientendaten

Es gibt immer wieder informationstechnisch motivierte Ansätze, elektronische Patientenakten in zentral verwalteten Datenarchiven abzulegen. Während heute zur etablierten und gängigen Praxis gehört, dass jede Einrichtung die Daten speichert und archiviert, die in ihrem Einflussbereich entstehen, sind Kernpunkte der Argumentationskette für zentrale Haltung das bessere Kostengefüge für Verarbeitung und Speicherung, wie auch die gesteigerte Verfügbarkeit der abgelegten Informationen. Hier ist eine Detailbetrachtung unerlässlich.

Zunächst muss festgestellt werden, was mit dem Begriff „zentral" bezeichnet werden soll, da hier fließende Übergänge möglich sind je nach Betrachtungsweise.

- Im Sinne dieses Buches werden mit dem Begriff einer „zentralen Sammlung" nicht solche zentralen Server-Systeme verstanden, im direkten Einflussbereich einer datentechnisch für diese verantwortlichen ärztlich geleiteten Einrichtung. Konkret ist innerhalb der Praxisräume eines niedergelassenen Arztes die Systemarchitektur hier nicht Gegenstand der Betrachtung. Dies gilt auch für Gemeinschaftspraxen[102].

- Anders stellt sich die Sachlage dar für mehrere ärztlich geleitete Einrichtungen, die sich Geräte oder Räumlichkeiten teilen, aber ansonsten jeweils in eigener Verantwortung handeln. Bei solchen Praxisgemeinschaften[103] ist von Belang, dass datentechnisch jede Praxis für ihre eigenen Informationen verantwortlich, ein gemeinsamer Zugriff auf Patientendaten ausgeschlossen und ein evtl. notwendiger Datenaustausch zu gestalten ist, wie im sonstigen Außenverhältnis zu anderen Akteuren im Gesundheitswesen. Dieser Regelung steht ein gemeinsamer Zugriff auf die Stammdaten der Patienten durch die Verwaltungsmitarbeiter, z.B. bei der Anmeldung nicht entgegen, solange die medizinischen Daten nachweislich getrennt gehalten werden, z.B. durch ein mandantenfähiges Praxisverwaltungssystem.

Eine kritisch zu beurteilende, zentrale Sammlung von Patientendaten kann wie folgt definiert werden:

> Jeder physisch oder logisch zusammengelegte Bestand personenbezogener Patientendaten, in den Informationen aus mehr als einer datentechnisch verantwortlichen Einrichtung zur Speicherung einfließen, bei der eine datentechnisch verantwortliche Einrichtung, über die von ihr hinterlegten Daten hinaus, auf Patientendaten Zugriff nehmen kann, die von anderen hinterlegt wurden.

[102] Die **Gemeinschaftspraxis** im Sinne der gesetzlichen Krankenversicherung ist charakterisiert durch mehrere Ärzte, die gegenüber Patient und Kassenärztlicher Vereinigung (bzw. Kostenträger) als eine einzige Einrichtung auftreten und den wirtschaftlichen Ausgleich für die erbrachten Leistungen im Innenverhältnis geregelt haben.

[103] Die **Praxisgemeinschaft** ist charakterisiert durch mehrere Ärzte, die jeweils als vollkommen eigenständige Praxen gegenüber Patient und Kassenärztlicher Vereinigung (bzw. Kostenträger) auftreten und entsprechend erbrachten Leistungen im Außenverhältnis jeweils einzeln verrechnen. Diese Praxen teilen sich Großgeräte, Räumlichkeiten oder sonstige Einrichtungen und verrechnen hierfür aufgebrachte Kosten im Innenverhältnis.

Zunächst muss herausgestellt werden, dass solche zentralen Sammlungen nicht immer und in jedem Fall grundsätzlich unzulässig sind. Zu betrachten sind vielmehr die Referenzkriterien „Datenschutz“ und „ärztliche Schweigepflicht“.

Aus dem Zeugnisverweigerungsrecht für Ärzte hat der Gesetzgeber ein Beschlagnahmeverbot abgeleitet (s. Abschnitt 4.1.2, Seite 36). Wegen dieser Ableitung gilt das Beschlagnahmeverbot jedoch nicht für die gleichen Daten außerhalb des ärztlichen Verantwortungsbereichs. Dies bedeutet, dass eine Verlagerung der Verarbeitung und Speicherung von personenbezogenen Patientendaten aus dem ärztlichen Verantwortungsbereich hinaus, die betroffenen Patienten unter dem genannten Gesichtspunkt immer schlechter stellen würde, auch wenn eine entsprechende Genehmigung der Patienten vorliegt.

Zentrale Sammlungen von personenbezogenen Patientendaten außerhalb des ärztlichen Verantwortungsbereichs sind daher grundsätzlich abzulehnen.

Es gibt im ärztlichen Verantwortungsbereich jedoch Ansätze, die mittels ausgefeilter Zugriffsmechanismen, wie z.B. einer zweidimensionalen Rollen- und Datenmatrix, sowie einer umfassenden Protokollierung, theoretisch den strengen Datenschutz- und Schweigepflichtsaspekten genügen könnten. Ferner kann zweifellos eine entsprechende Patienteneinwilligung eingeholt werden, die eine zentrale Datenhaltung gestattet. Eine solche Willenserklärung ist jedoch nicht unproblematisch.

Eine wirksame Willenserklärung muss immer bezeichnen, **wer**, **was**, **zu welchen Zweck** verarbeiten und/oder speichern darf (s. Abschnitt 3.1, Seite 14 und Abschnitt 5.5, Seite 102). Darüber hinaus muss sie jederzeit teilweise oder ganz widerrufen oder geändert werden können.

Auf der einen Seite ist eine allzu pauschale Willenserklärung grundsätzlich nicht wirksam. Auf der anderen Seite muss die Frage gestellt werden, ob die notwendige Differenzierung unterschiedlicher Zugriffsrechte und die technischen Möglichkeiten überhaupt von einem Patienten noch durchdrungen bzw. verstanden werden können, d.h. ob eine solche Technik im Sinne des Patienten noch handhabbar wäre.

Während zentrale Sammlungen von Patientendaten außerhalb ärztlich geleiteter Einrichtungen sicher abzulehnen sind, muss auch festgehalten werden, dass zentrale Sammlungen von Patientendaten im Einflussbereich ärztlicher Einrichtungen noch nicht abschließend positiv beurteilt werden können, auch wenn deren Wert für Patient und Arzt, z.B. in Praxisnetzen, sie zum Ziel intensiver Bemühungen macht.

6.3 Methodische Lücken

Neben den bereits beschriebenen Themen gibt es aber auch noch eine ganze Reihe absehbarer Kommunikationsprobleme, für die Lösungen heute noch nicht erkennbar oder gefunden sind, deren Realisierung jedoch dem Gesamtanliegen niedergelassener Ärzte förderlich wäre. Es ist sicher richtig, diese Probleme als methodischen Lücken zu bezeichnen, des an sich noch neuen Systems der Gesundheitstelematik.

Ist auf der einen Seite das Bedürfnis für entsprechende Lösungen schlüssig zu formulieren, so ist auf der anderen Seite ein entsprechender Konsens für die Akteure des Gesundheitswesens noch nicht absehbar. Es wird für eine Übergangszeit mehr als eine Lösung geben müssen, auch wenn während den so entstehenden Testphasen eine Interoperabilität für das Gesamtsystem sicher nicht gegeben ist. Es gilt daher entsprechende Pilotanwendungen möglichst zeitnah zu entwickeln, zu erproben und die so gewonnenen Erkenntnisse der medizinischen Gemeinschaft wieder zur Verfügung zu stellen.

6.3.1 Indirekte, kombinierte Vertraulichkeit

Das bereits beschriebene Konzept des HCP-Protokolls dient der Herstellung einer adressierten Vertraulichkeit, bei der zu Beginn des Versands der Empfänger dem Sender entweder bekannt ist oder eruiert werden kann. Während dieses Konzept viele Kommunikationsanforderungen niedergelassener Ärzte erfüllen kann, sind doch wesentliche Szenarien damit grundsätzlich nicht abzudecken. Hierzu zählen z.B. das sog. „Vertreterproblem“[104], das „Rollenproblem“[105] oder auch Situationen, bei denen sich der Patient erst später für einen bestimmten Nachrichtenempfänger entscheidet, wie z.B. im Überweisungsfall.

Es existieren gegenwärtig verschiedene Lösungsansätze für die Herstellung der in diesen Fällen notwendigen indirekten oder kombinierten Vertraulichkeit. Die anfänglich favorisierte Variante eines Rollenschlüssels, d.h.

[104] Es kann vorkommen, dass ein bestimmter Teilnehmer der Gesundheitsversorgung nicht erreichbar ist und trotzdem Nachrichten an dessen, dem Sender unbekannten, Vertreter gerichtet werden müssen. Da dessen Namen aber i.d.R. nicht vorab jedem bekannt ist, ist dessen öffentlicher Schlüssel auch nicht bekannt.

[105] Nachrichten der Gesundheitsversorgung werden oftmals an namentlich unbekannte Vertreter einer bestimmten Funktion in einer Einrichtung gerichtet, wie z.B. „Oberarzt der III. inneren Abteilung“.

eines Schlüssels, über den alle Vertreter einer bestimmten Rolle verfügen, wird heute wegen den absehbar komplexen Problemen bei der Schlüsselverwaltung[106] von vielen Fachleuten abgelehnt. Mindestens drei unterschiedliche Ansätze werden in unterschiedlichen Projekten gegenwärtig probatorisch eingesetzt:

- **Zwei-Schlüssel-Systeme**: Ein Dokument wird so chiffriert, dass die Dechiffrierung immer nur mittels zwei Schlüsseln (einem Patientenschüssel und einem Schlüssel eines Health Professional) wieder erfolgen kann.
- **Transaktionsnummern**: Eine Verschlüsselung findet „ad hoc“ statt mit einem neuen Schlüssel, auf den nur mittels einer einmaligen Transaktionsnummer zugegriffen werden kann.
- **Institutionsschlüssel**: Eine Nachricht wird mit dem öffentlichen Schlüssel einer offiziellen Einrichtung des Gesundheitswesens verschlüsselt. Diese Einrichtung bestimmt und organisiert selbst, wer, wann, unter welchen Umständen, diesen Schlüssel nutzen kann.

Es ist noch nicht absehbar, ob sich überhaupt ein System allein für alle Lösungen des genannten Formenkreises empfehlen kann und wenn ja, welches sich durchsetzen wird, oder ob nicht noch weitere Alternativen erfunden und erprobt werden müssen. Vorerst ist es in jedem Fall wichtig, dass noch umfangreichere Erfahrungen über einen längeren Zeitraum gesammelt werden.

Eine abschließende Lösung für diesen Problemkreis ist noch nicht in Sicht. Es ist vielmehr wahrscheinlich, dass sich mehr als eine der genannten Alternativen durchsetzen könnte, jeweils eine für einen bestimmten Anforderungskomplex.

6.3.2 Pull-Technologien mit Zugriff auf Patientendaten

Eine heute sich schon abzeichnende Leitlinie für die Speicherung von personenbezogenen Patientendaten besagt, dass einmal erhobene Primärdaten immer beim ursprünglichen Erheber gespeichert und archiviert werden sollten. Trotzdem wollen viele Modelle der Gesundheitsversor-

[106] Würde ein solcher, mehreren Personen zugänglicher und an sie gebundener Schlüssel kompromittiert, so müssen die Schlüssel aller Beteiligten ausgetauscht werden. Dieses komplexe Logistikproblem gilt sowohl für symmetrische wie auch asymmetrische Schlüsselsysteme.

gung diese Datenbestände eines Patienten auch für seine anderen Behandler erschließen, ohne dass in jedem Fall ein aktives Zutun der speichernden Stelle mehr notwendig wäre.

Dies ist unter der Voraussetzung einer Patienteneinwilligung und einer Einwilligung der speichernden Stelle grundsätzlich zulässig, bedingt aber eine vollkommen andere Kommunikationsform als z.B. beim E-Mail-Versand. Bei dem hierfür notwendigen Datentransfer handelt es sich nicht mehr um einen aktiven Versand einer verantwortlichen Stelle, einer sog. „Push-Technologie", sondern um das Abholen bereitgestellter Daten durch die empfangende Stelle, eine sog. „Pull-Technologie". Der damit verbundene Paradigmenwechsel wirft schwer wiegende Probleme auf.

Zunächst muss ein solches System mit einem zuverlässigen Mechanismus zur Erkennung der zugreifenden Stelle ausgestattet sein. Grundsätzlich könnten die im Gesundheitswesen angestrebten HPC's diese Anforderung der Authentifizierung praktisch erfüllen. Ein weiteres Problem stellt die Transportverschlüsselung dar, denn die Daten können nicht mehr mit dem öffentlichen Schlüssel eines bestimmten Empfängers verschlüsselt werden, da dieser vorab nicht bekannt ist. Eine Lösung ist hierzu noch nicht absehbar. Und schließlich müssen einmal erfolgte Zugriffe im Rahmen der üblichen gesetzlichen Aufbewahrungsfristen protokolliert und diese vor Veränderung geschützt werden.

Ein letztes Problem liegt in der Art und Weise, wie eine Patienteneinwilligung gegenüber der speichernden Stelle zu dokumentieren ist. Die zugreifende Stelle muss schließlich vertrauenswürdig zu erkennen geben, dass der Patient als Herr seiner Daten einem solchen Zugriff zugestimmt hat. Darüber hinaus muss diese Patienteneinwilligung kongruent sein zur Einwilligung des Arztes, bzw. der speichernden Stelle als Urheber von Beurteilungen der erhobenen Primärdaten.

Alles in allem muss bis zur ersten Realisierung einer ersten Pilotanwendung noch strukturell logische und organisatorische Vorarbeit geleistet werden, damit für alle Beteiligten verbindlich festgehalten werden kann, was, wie, unter welchen Umständen erlaubt ist. Der so erarbeitete theoretische Überbau kann erst dann in praktische Softwareanwendungen umgesetzt werden. Eine Evaluation wird zeigen müssen, ob sich ein so entwickeltes Gesamtkonzept in der Praxis bewährt.

6.3.3 Firewall-Systeme für Endanwender

Da jede Anbindung an eine Datenübertragungsleitung gleichzeitig einen potenziellen Angriffskanal auf die lokal gespeicherten Patientendaten eröffnet, müssen für diese grundsätzlich wirksame Schutzmechanismen entwickelt werden. Es leuchtet ein, dass ein entsprechender Schutz für die in einem Praxisverwaltungssystem gespeicherten Patientendaten dringend erforderlich ist und trotzdem muss für telematische Anwendungen eine kontrollierte Durchlässigkeit gegeben sein, sonst kommt keine Kommunikation zustande. Während für Push-Technologien noch anderweitig funktionelle Lösungen konstruiert werden können, muss für die Realisierung von Pull-Technologien eine vollständige Integration in das Praxisverwaltungssystem mit seinen sonstigen Patientendaten erfolgen. Dies ist die Domäne der so genannten „Firewall-Systeme".

Eine Firewall verhindert durch ständige Überprüfung der eingehenden und ausgehenden Daten, dass unberechtigte Dritte auf dahinter liegende Informationen Zugriff erhalten. Erste solche Systeme kosteten mehr als 100.000 DM und erforderten laufende, fachmännische Betreuung. Aus diesem Grund war der Einsatz in der niedergelassenen Praxis ausgeschlossen. Hinzu kam die bekannte Tatsache, dass eine Firewall immer nur so gut sein kann, wie ihre Administration. Das teuerste System, schlecht eingerichtet oder verwaltet, ist so offen wie das sprichwörtliche Scheunentor.

Inzwischen werden für kleinere Netzwerke und auch Einzelplatzcomputer von der Industrie halbwegs preiswerte und praktisch einsetzbare Firewall-Systeme angeboten. Aktuelle Übersichten in den einschlägigen Zeitschriften belegen[107], dass diese Systeme mit 3.000.- bis 10.000 DM inzwischen in einer preislichen Region angeboten werden, wo sie für den Einsatz in der Praxis in Frage kommen. Ferner hat auch die Industrie erkannt, das solche Systeme nicht immer nur von Fachleuten bedient werden können und hat die Bedieneroberflächen wesentlich vereinfacht.

Hard- und softwarebasierende Systeme müssen nicht unbedingt schlechter sein als ihre großen (teueren) Kollegen, wenn gewisse Abstriche an deren Funktionalität gemacht werden. Das Teuere und Komplizierte an diesen Systemen ist die Bereitstellung einer funktionierenden Durchlässigkeit und

[107] Entsprechende Übersichten finden sich laufend in Fachzeitschriften wie z.B. der „PC-Welt" oder „PC-Professional".

gleichzeitigen Sicherung von möglichst vielen Diensten, die im offenen Internet angeboten werden können. Die Einschränkung auf bestimmte, wichtige Dienste, wie z.B. E-Mail, vereinfacht und verbilligt den Programmaufbau, ohne die Sicherheit der hinter der Firewall liegenden Komponenten zu gefährden. Konkret bedeutet dies, wenn nicht alle Varianten und Protokolle aus dem Internet im gesicherten Netzwerk benötigt werden, kann dies Kosten und Aufwand für die Firewall deutlich reduzieren.

Leider ist festzustellen, dass die umfassende Prüfung oder gar Zertifizierung von Personal- oder SOHO-Firewalls[108], wie sie für niedergelassene Ärzte in Frage kommen, durch Behörden, wie z.B. dem BSI, oder sonstigen offiziellen Stellen bislang nicht als ihre Aufgaben entdeckt worden sind. Aus diesem Grund sind „offizielle" Aussagen über Vor- und Nachteile einzelner dieser Systeme leider immer noch nicht verfügbar. Eine solche Bewertung wäre aber für den Einsatz in der ärztlichen Praxis dringend erforderlich, da der Umgang mit den personenbezogenen Patientendaten ein Risiko darstellt, dass keine Einrichtung des Gesundheitswesens beurteilen oder letztendlich verantworten kann.

Eine weitere Möglichkeit, die insbesondere in Kombination mit gängigen Firewall-Systemen eine Lösung für die vorstehend angesprochene verbleibende Unsicherheit bieten kann, sind sog. „Kryptokontroller" für gängige Computer. Sie ersetzen den üblichen Festplattenkontroller vollständig und verwalten alle Daten des PVS umfassend verschlüsselt auf den Festplatten. Wesentlicher Vorteil dieser Systeme ist, dass registrierte Anwendungen vollständigen und transparenten Zugriff auf alle Daten erhalten. Eine Umprogrammierung von Anwendungen ist selten notwendig. Kritische Informationen werden unverschlüsselt nur noch kurzfristig im Arbeitsspeicher gehalten. Damit können viele der bekannten Angriffsmethoden ausgeschaltet werden.

Es ist bekannt, dass der auch noch so kurzfristige Anschluss an telematische Netze außerhalb des eigenen Einflussbereichs immer das Potenzial eines Angriffs auf lokal gespeicherte Patientendaten birgt, dem wirksam begegnet werden muss. Die hierfür notwendige Technologie ist zwar schon verfügbar, steckt aber noch in den „Kinderschuhen".

---

[108] Personal Firewalls schützen die Rechner, auf denen sie installiert sind, **S**mall **O**ffice, **H**ome **O**ffice Firewalls hingegen sind preiswerte Zugriffsschutzsysteme für kleinere Netze.

6.4 Entwickeltes Sicherheitskonzept

Aus den vorstehenden Abschnitten werden viele einzelne Aspekte und eine ganze Reihe von Grundsätzen für ein telematisches Sicherheitskonzept niedergelassener Ärzte sichtbar. Während dabei noch keine für alle nutzbare Grundstruktur erkennbar wird, lassen sich wesentliche Grundzüge heute schon beschreiben:

- Datenbestände mit personenbezogenen Patientendaten sollten für die Speicherung und Archivierung, wie auch für den Zugriff Dritter grundsätzlich immer in der Verantwortlichkeit und Verwaltungshoheit der erhebenden ärztlichen Stelle verbleiben.

- Werden im Rahmen von Behandlungen bestimmte Daten von anderen Teilnehmern der Gesundheitsversorgung benötigt, sollten sie unter Einhaltung einer adressierten Vertraulichkeit soweit möglich mittels Push-Technologie an die anfragende Stelle übermittelt werden. So kann die anfragende Stelle durch ihre Anfrage den Bedarf und die Patienteneinwilligung erkennbar machen, während die sendende Stelle durch diesen Vorgang auch ihre Einwilligung und Freigabe dokumentiert.

- Für bestimmte, umschriebene Bereiche der Gesundheitsversorgung, wie z.B. in der Diabetologie oder Onkologie, ist auch eine Vorabfreigabe verbunden mit einer automatisierten Übermittlung im Rahmen von Behandlungsverträgen denkbar. Hier muss jedoch eine besonders detaillierte Aufklärung der Patienten vor deren Einwilligung betrieben werden und ein Widerruf der erteilten Freigabe jederzeit möglich bleiben.

- Zur Authentifizierung von Teilnehmern in der Gesundheitsversorgung ist die Vergabe und Nutzung von Chipkarten als abgestimmte elektronische Ausweise nach dem Modell der HPC-D (Arzt) absehbar. Für die Authentifizierung von Patienten bzw. zur Dokumentation einer entsprechenden Willensbekundung sollte eine vergleichbare Entwicklung in eine Neuauflage der Krankenversichertenkarte aufgenommen werden, die gleichzeitig ergänzt werden sollte um wirksame Mechanismen für die Dokumentation bestehender Versicherungsverhältnisse. So hätten alle wichtigen Teilnehmer vergleichbare technische Einrichtungen zur sicheren und vertrauenswürdigen gegenseitigen Erkennung.

- Bei Chipkarten im Gesundheitswesen sollte grundsätzlich keine Vermischung stattfinden zwischen Datenträgern, die auf der Grundlage eines Gesetzes oder einer Verordnung zum flächendeckenden Einsatz kommen müssen, wie z.B. Krankenversichertenkarten, und solchen, mittels derer freiwillig Gesundheitsdaten ausgetauscht werden können, wie z.B. Patientendatenkarten. Pflichtkarten sollten Ausweiskarten bleiben, evtl. noch angereichert mit Querverweisen auf die speichernden Stellen von Gesundheitsdaten (Pointer) und/oder einem Notfalldatensatz. Nur so kann sichergestellt bleiben, dass der Grundsatz des informationellen Selbstbestimmungsrechts nicht aufgeweicht wird.
- Die Generierung und Übermittlung von Gesundheitsdaten bzw. deren Aggregation für betriebswirtschaftliche oder wissenschaftliche Auswertungen in der Medizin sollte immer zurückgreifen auf die Methoden der Anonymisierung und/oder Pseudonymisierung in ärztlicher Treuhänderschaft.

Die Beschreibungen vieler Telematik-Projekte im Bereich niedergelassener Ärzte weisen immer wieder darauf hin, dass die vorgestellten Lösungen alle „mit dem Datenschutz“ abgeklärt wären. Dennoch sind Aussagen und Projektkonzepte widersprüchlich. Es muss die Frage gestellt werden, mit welchem Datenschützer, der für wen zuständig ist wurden die Konzepte mit welcher Verbindlichkeit überprüft? Tatsache ist, es gibt immer noch zu viele heterogene Ansätze und zu wenig Leitlinien, diese im Gesamtkontext zu messen.

Zusammenfassend kann abschließend festgehalten werden, dass bislang noch kein Konsens über ein Sicherheitskonzept für niedergelassene Ärzte besteht, ja nicht einmal darüber, was überhaupt in einem Sicherheitskonzept alles fest geschrieben werden muss. Hier muss unbedingt mehr Transparenz geschaffen werden, damit eine zielführende Diskussion zwischen allen Teilnehmern der Gesundheitsversorgung mit ihren unterschiedlichen und heterogenen Interessen eröffnet werden kann. Positiv dabei ist, dass die Entwicklung zwar noch am Anfang steht, aber schon absehbare Formen annimmt.

7 Diskussion

Aus den im vorstehenden Abschnitt aufgeführten Feststellungen wird deutlich, in welche Richtungen sich ein abgestimmt konsensfähiges Sicherheitskonzept für niedergelassene Vertragsärzte entwickeln kann und soll. Es ist absehbar, dass hier noch viel Arbeit geleistet werden muss. Hinzu kommt, Deutschland steht nicht für sich allein.

Aktuelle Entwicklungen im Rahmen der zunehmenden Globalisierung zwingen zu einem größeren Fokus. Gerade neue Rahmenbedingungen, wie z.B. die Freizügigkeit der Niederlassung für Ärzte innerhalb der Europäischen Union oder der immer noch ständig steigende Tourismus machen deutlich, dass die telematische Übermittlung von Patientendaten über deutsche Grenzen hinaus Alltag werden muss. Dies wiederum bedingt ein im gleichen Raum abgestimmtes Sicherheitskonzept.

7.1 Vergleich mit den Methoden anderer Länder

Eine Übersicht älterer und aktueller Literatur des Auslands liefert eine ganze Reihe von vergleichbaren Ansätzen, die seitens der dortigen medizinischen Einrichtungen entwickelt und zur Diskussion gestellt wurden. Im direkten Vergleich zu den in diesem Buch vorgestellten Grundkonzepten zeigen diese einige bemerkenswerte Unterschiede, sowohl im Sinne von „strengeren“ wie auch im Sinne von „freizügigeren“ Empfehlungen. Dabei ist natürlich festzuhalten, dass sie nur die jeweilige Rechtskultur des Landes widerspiegeln können. Es handelt sich dabei um fünf unterschiedliche Ansätze.

- **England: Januar 1996, Security in Clinical Information Systems. British Medical Association**

  1995 hat in England das Vorhaben des National Health Service, landesweite Netze einzuführen, zu Besorgnissen wegen dessen Sicherheit geführt. Um diesen zu begegnen, gab das Komitee für Informationstechnologie der British Medical Association eine Studie zur Sicherheit in klinischen Informationssystemen in Auftrag [Anderson 1996].

  Diese beginnt zunächst mit einer definitorischen Vorarbeit und beschreibt dann die Bedrohung und Verletzlichkeit von Gesundheitsdaten an konkreten Beispielen der klinischen Informationsverarbeitung, einschließlich der besonderen Bedrohung, die aus der Aggregation von Gesundheitsinformation erwachsen kann. Dem entgegengesetzt wird die ärztliche Schweigepflicht als Prinzip des hippokratischen Eids.

Die dann beschriebene Sicherheitspolitik geht von einem Paradigma papiergestützter Systeme aus, da dessen Grundlagen bekannt sind und nicht auf postulierten Unwägbarkeiten eines noch nicht real existierenden elektronischen Systems ausgeht. Erst in einem späteren, zweiten Schritt soll ein solches erarbeitet werden.

Konkret umfasst die Studie insgesamt neun Prinzipien, die für eine notwendige Sicherheitsinfrastruktur beachtet werden sollten:

1. Jede personenbezogene klinische Akte soll mit einer Zugangskontrollliste versehen sein, die die Personen oder Personengruppen benennt, die die Akte lesen und ihr Daten anfügen dürfen. Das System soll verhindern, dass irgendjemand, der nicht auf der Liste steht, in irgendeiner Weise Zugang zur Akte findet.
2. Ein Kliniker kann eine Akte mit sich selbst und mit dem Patienten auf der Zugangskontrollliste einrichten. Falls ein Patient überwiesen wurde, kann der behandelnde Arzt eine Akte mit sich selbst, dem Patienten und dem zuweisenden Kliniker auf der Zugangskontrollliste einrichten.
3. Einer der Kliniker auf der Zugangskontrollliste muss als verantwortlich markiert sein. Nur er darf die Zugangskontrollliste verändern, und er darf dieser ausschließlich andere im Gesundheitswesen Beschäftigte hinzufügen.
4. Der verantwortliche Kliniker muss dem Patienten Mitteilung von den Namen auf der Zugangskontrollliste seiner Akte machen:
   - wenn die Akte eingerichtet wird,
   - bei allen nachfolgenden Hinzufügungen und
   - immer, wenn die Verantwortung weitergegeben wird.

   Die Einwilligung des Patienten muss ebenfalls eingeholt werden, außer im Notfall und bei gesetzlichen Ausnahmen.
5. Niemand soll klinische Informationen löschen können, bevor der vorgesehene Zeitraum abgelaufen ist.
6. Jeder erfolgte Zugang zu klinischen Akten soll in der Akte mit dem Namen des Betreffenden, Datum und Zeit eingetragen werden. Ein solcher Protokollierungsvermerk muss auch bei jeder Löschung erfolgen.
7. Information, die einer Akte A entnommen wurde, darf an eine Akte B dann und nur dann angefügt werden, wenn die Zugangskontrollliste von B in der von A enthalten ist.

8. Es muss effektive Maßnahmen geben, mit denen die Aggregation (Ansammlung) von persönlichen Gesundheitsinformationen verhindert wird. Insbesondere müssen Patienten eine spezielle Benachrichtigung erhalten, wenn irgendeine Person der Zugangskontrollliste hinzugefügt werden soll, die bereits Zugang zu den persönlichen Gesundheitsinformationen einer großen Anzahl von Personen hat.
9. Computersysteme, die persönliche Gesundheitsinformationen verarbeiten, sollen ein Untersystem haben, das auf effektive Weise die oben genannten Prinzipien erzwingt. Dessen Effektivität soll Gegenstand der Evaluation durch unabhängige Experten sein.

Diese sehr konkret ausgearbeiteten und auf das seinerzeit absehbare Netz des NHS abgestellten Prinzipien einer Sicherheitspolitik werden dann abgeschlossen durch eine Beschreibung verschiedener Optionen für eine Sicherheitsarchitektur, mit der Perspektive einer europäischen und globalen Standardisierung. Dabei ist in Bezug auf deutsche Ansätze bemerkenswert, dass von der gesicherten Existenz zentraler Sammlungen von personenbezogenen Gesundheitsdaten ausgegangen wird. Diese Annahme kann für Deutschland nicht als gesichert gelten.

- **USA: 1997, For the Record: Protecting Electronic Health Information. Computer Science and Telecommunications Board**[109]

  Auf Anfrage der „National Library of Medicine" (**NLM**) führte ab Oktober 1995 das „Computer Science and Telecommunications Board" (**CSTB**), eine Einrichtung des National Research Council, eine sehr umfangreiche Studie durch zur Herstellung und Sicherung von Vertraulichkeit (Privacy) und Sicherheit (Security) in Anwendungen der Gesundheitstelematik. Als Studienergebnis, wie aus der Erkenntnis, dass 1996 das amerikanische Gesundheitssystem zwischen 10 und 15 Milliarden US$ für Informationstechnologie aufwendete, wurden Initiativen zur Entwicklung elektronischer Patientenakten („electronic medical records" - **EMR**) als zentral für die weitere Entwicklung identifiziert.

[109] CSTB, Commission on Physical Sciences, Mathematics and Applications, National Research Council. For the Record: Protection Electronic Health Information. National Academy Press, Washington, D.C., 1997. Internet-Quelle http://books.nap/edu/catalog/5595.html oder über die Suchmaschine unter http://www.nap.edu/readingroom/ (zuletzt geprüft: 17.09.2000).

Damit Organisationen des Gesundheitswesens, individuell und kollektiv zusammen mit Regierungsstellen, die breit gefächerte Palette aktueller Anliegen zu Vertraulichkeit und Sicherheit ansprechen und weiterentwickeln können, wurden eine Reihe von spezifischen Empfehlungen erarbeitet, die wegen ihrer Relevanz für diese Darstellung vollständig[110] wiedergegeben werden:

1. Alle Organisationen, die patientenbeziehbare Gesundheitsinformationen verarbeiten sollten - unabhängig von ihrer Größe - die nachfolgende Reihe von technischen und organisatorischen Rahmenbedingungen (Policies), Richtlinien (Practices) und Verfahren (Procedures) annehmen, solche Informationen zu schützen.
2. Regierung und Gesundheitsindustrie sollten die Initiative ergreifen, die Infrastruktur zu schaffen, die für Vertraulichkeit und Sicherheit elektronischer Gesundheitsinformation notwendig ist.
   - 2.1 Der „Secretary of Health and Human Services“ sollte eine ständige Kommission zu Sicherheitsstandards der Gesundheitsinformation innerhalb des „National Center for Vital and Health Statistics“ einberufen, das Vertraulichkeits- und Sicherheitsstandards für alle Benutzer von Gesundheitsinformation entwickeln und pflegen soll. Mitglieder sollten dabei aus vorhandenen Einrichtungen berufen werden, die das breite Spektrum der Nutzer und Betroffenen von Gesundheitsinformationen widerspiegeln.
   - 2.2 Der Kongress sollte die Startfinanzierung beschließen für die Gründung einer Organisation der Gesundheitsindustrie, die eine bessere Verteilung von Information über Sicherheitsrisiken, Vorkommnissen und Lösungen innerhalb der Industrie sicherstellt.
3. Die Amerikanische Regierung sollte zusammen mit der Industrie arbeiten, um eine informierte öffentliche Diskussion zu fördern und zu entwickeln, damit ein angemessener Ausgleich zwischen dem Vertraulichkeitsanliegen von Patienten und den Informati-

[110] Die Übersetzung aus dem englischen Original stammt vom Autor. Bezeichnungen offizieller Regierungsstellen wurden nicht übersetzt, damit der Bezug zu namentlich bekannten Einrichtungen nicht verloren geht.

onsbedürfnissen der unterschiedlichen Nutzer von Gesundheitsinformationen gefunden werden kann.

3.1 Organisationen, die Gesundheitsinformationen sammeln, analysieren oder verbreiten, sollten faire Informationspraktiken beschließen, vergleichbar jenen, die sich im „Federal Privacy Act" von 1974 finden.

3.2 Das „Department of Health and Human Services" sollte zusammen mit staatlichen und regionalen Stellen, mit Gesundheitswissenschaftlern und der Gesundheitsindustrie zusammenarbeiten, um ein Programm zur Förderung des Verbraucherwissens über Vertraulichkeitsbelange von Gesundheitsinformationen und über den Wert von Informationen für die Patientenbetreuung, Verwaltung und Wissenschaft. Es sollte auch Studien durchführen, die eine Reihe von Empfehlungen erarbeiten, welche das Verbraucherwissen über Datenflüsse im Gesundheitswesen fördern.

3.3 Berufsverbände und industrielle Einrichtungen sollten ihre Führungsrolle weiter vorantreiben und ausbauen, in der Ausbildung ihrer Mitglieder über Themen der Vertraulichkeit und Sicherheit in ihren Konferenzen und Publikationen.

3.4 Das „Department of Health and Human Services" sollte Studien durchführen, in welchem Umfang und unter welchen Rahmenbedingungen die Nutzer von Gesundheitsinformationen Daten benötigen, die einen Personenbezug aufweisen

3.5 Das „Department of Health and Human Services" sollte zusammenarbeiten mit dem amerikanischen „Office of Consumer Affairs" um Verbraucher mit einem sichtbaren, zentralen Anlaufpunkt in Fragen der Vertraulichkeit und Sicherheit auszustatten (z.B. einem Sicherheitsvertrauensmann).

4. Jede Initiative, eine universelle Patientenidentifikation zu entwickeln, sollte die angenommenen Vorteile einer solchen Identifikation abwägen, gegen potenzielle Belange der Vertraulichkeit. Jede Methode zur Identifizierung von Patienten, oder zur Zusammenführung von Patientendaten in einem Gesundheitssektor sollte an nachstehenden Kriterien zur Vertraulichkeit gemessen werden:

4.1. Die Methode sollte von einem ausdrücklichen Rahmenkonzept begleitet werden, das Art und Charakter jener Querverbindung definiert, die die Privatsphäre eines Patienten verletzen und rechtliche oder sonstige Strafen für die Herstellung solcher Querverbindungen vorsieht.

4.2. Es sollte die Identifikation jener ermöglichen, die Daten zusammenführen, damit diejenigen, die unzulässige Zusammenführungen herstellen, für ihre Entwicklungen verantwortlich gemacht werden können.

4.3. Es sollte so weit irgendwie technisch machbar nur in einer Richtung funktionieren: Es sollte die zulässige Zusammenführung von Gesundheitsdaten ermöglichen, wenn identifizierende Daten über den Patienten vorliegen oder durch den Patienten zur Verfügung gestellt werden, jedoch die einfache Patientenbeziehbarkeit aus zusammengeführten Gesundheitsdaten oder aus dem Identifizierungsmerkmal selbst verhindern.

5. Die Amerikanische Regierung sollte konkrete Schritte unternehmen, Technologien für die Informationssicherheit für Gesundheitsanwendungen zu verbessern.

5.1 Um den Austausch technischen Wissens über Informationssicherheit und den Austausch von Sicherheitstechnologie zu fördern, sollte das „Department of Health and Human Services“ offizielle Verbindungsstellen zu einschlägigen Regierungsstellen und industriellen Arbeitsgruppen etablieren.

5.2 Das „Department of Health and Human Services“ sollte Forschung zu Themen unterstützen, die von besonderer Bedeutung für die Gesundheitsindustrie sind, die sonst nicht verfolgt werden würden, hierzu zählen: Identifizierung und Verbindung von Patientendaten, Anonyme Patientenbetreuung und Pseudonyme, Werkzeuge zur Protokollierung und Werkzeuge für Rechteverwaltung.

5.3 Das „Department of Health and Human Services“ sollte experimentelle Testprojekte finanzieren, die unterschiedliche Ansätze für Zugangskontrollen erforschen, die preiswert und einfach in der Umsetzung für gegenwärtige Abläufe sind und auch einen Zugang in Notfall-Situationen ermöglichen.

Das Untersuchungskomitee stellte abschließend fest, dass die genannten Empfehlungen ein verlässliches Rahmenwerk für die Korrektur vieler verletzlicher Stellen des Gesundheitswesens sein kann und weiter ausgebaut werden muss. Bezogen auf deutsche Verhältnisse fällt die zentrale Rolle, die amerikanischen Regierungsstellen zugedacht wird, besonders auf. Gerade deswegen dürfte eine direkte Übertragung mancher dieser Ansätze auf das heterogen organisierte Gesundheitssystem in Deutschland schwierig werden.

- **USA: Februar 1998, Guidelines for the Clinical use of Electronic Mail with Patients. White Paper for the American Medical Informatics Association, Internet Working Group**

Eine eigene Task Force der „American Medical Informatics Association" (AMIA), Internet-Arbeitsgruppe entwickelte Ende 1997 spezielle Richtlinien [Kane 1998][111] für die Nutzung von E-Mail zwischen Klinikern und Patienten, um auf der Basis eines bestehenden Behandlungsvertrags, effektive Kommunikation zwischen Kliniker und Patient zu fördern, unter Wahrung der notwendigen, medizin-rechtlichen Sorgfalt. Der Fokus dieser Empfehlungen liegt erkennbar auf der praktischen Umsetzung und dem Nutzen dieser Technologie. Dabei wird hervorgehoben, wie gut der asynchrone Charakter von E-Mail telefonisches „Nachlaufen" und andauernde Unterbrechungen durch Telefonate oder Funkruf verhindern kann.

Bei der grundsätzlichen Beschreibung von E-Mail ist bemerkenswert, dass in der Beurteilung der Autoren, unverschlüsselte elektronische Nachrichten weniger Vertraulichkeit bieten **könnten (!)**, wie herkömmliche Post oder Telefonate. Unverschlüsselte Datenübertragung wird nur für drahtlose Kommunikation ausdrücklich abgelehnt. Dic Task Force empfiehlt die Nutzung von Verschlüsselung, „sobald diese breit verfügbar, benutzerfreundlich und praktikabel wird".

Die Richtlinien selbst beschreiben, in zwei Tabellen gegliedert, Grundregeln für die effektive Kommunikation zwischen Klinikern und Patienten und Leitlinien für medizin-rechtliche Sorgfaltsmaßnahmen. Jede Empfehlung wird in einem anschließenden Abschnitt begründet und weiter ausgeführt.

[111] Auch verfügbar aus Internet-Quelle http:// www.amia.org / pubs / pospaper / positio2.htm (zuletzt geprüft: 17.09.2000)

- Die „Zusammenfassung von Richtlinien für die Kommunikation" beschreibt in sehr konkreten Empfehlungen, Maßnahmen für den Aufbau von Nachrichten und den Umgang mit Empfang und Versand (wie z.B. „konfigurieren Sie eine automatische Quittung für eingehende Nachrichten") und erinnert in Teilen stark an die Empfehlungen der Arbeitsgruppe „Internet" der GMDS (s. Seite 62).
- Die medizin-rechtlichen und administrativen Richtlinien empfehlen u.a. die schriftliche Einholung einer wirksamen Einwilligung des Patienten, die Nutzung passwortgeschützter Bildschirmschoner, den Verzicht auf die Nutzung von Patientenadressen für Werbezwecke oder die doppelte Überprüfung eingetragener Adressen vor endgültigem Versand.

Insgesamt liefern diese Richtlinien zwar im Einzelnen nützliche Hinweise für den Umgang mit elektronischen Nachrichten zwischen Klinikern und Patienten, andererseits ist kaum zu übersehen, dass die heterogene Zusammenstellung unterschiedlicher Funktionsebenen noch umfangreichere Erfahrung mit diesem Medium im Gesundheitswesen und eine entsprechende Gliederung vermissen lassen. Dabei ist jedoch hervorzuheben, dass die Richtlinien mit einem klaren Auftrag an alle Nutzer und Einrichtungen enden, entsprechend für ihren Bereich eine praktisch umsetzbare „Policy" zu erarbeiten und verbindlich zu veröffentlichen.

- **Welt: Oktober 1999, Statement on „Accountability, Responsabilitys and Ethical Guidelines in the Practice of Telemedicine". World Medical Association[112].**

  Bei der 153. Vorstandssitzung des Weltärztebundes 1999 in Santiago, Chile wurde ein Entwurf über „Verantwortung, Pflichten und ethische Leitlinien in der Praxis der Telemedizin"[113] vorgelegt und von der 51. Konferenz des Weltärztebundes 1999 in Tel Aviv, Israel angenommen.

[112] World Medical Association: Statement on „Accountability, Responsibilities and Ethical Guidelines in the Practice of Telemedicine". 51st World Medical Assembly, Tel Aviv, Israel, Oktober 1999: Internet-Quelle: http:// www.wma.net / e / policy / 17-36_e.html (zuletzt geprüft: 17.09.2000).

[113] Bemerkenswert in diesen Richtlinien ist die im anglo-amerikanischen Sprachraum übliche Verwendung des Begriffs der „Telemedicine" für den gesamten Begriffskomplex, der im Deutschen „Telematik im Gesundheitswesen" be-

. . .

Dabei werden in einer Präambel Vorteile und Nutzen „telemedizinischer" Anwendungen aufgeführt und ausgehend von einer Beschreibung grundsätzlich unterschiedlicher Anwendungsszenarien ein Handlungsbedarf bezüglich der Entwicklung global verbindlicher, ethischer Richtlinien in der Medizin festgestellt.

Anschließend werden in neun Thesen Prinzipien „telemedizinischer" Anwendungen hervorgehoben. Dabei wird eingegangen auf:

- das Arzt-/Patientenverhältnis,
- die Verantwortlichkeit des Arztes,
- die Rolle des Patienten,
- Patienteneinwilligung,
- Qualitätssicherung und Sicherheit in der „Telemedizin",
- Datenqualität,
- Autorisierung und Kompetenz in der Ausübung der „Telemedizin",
- Patientenakten,
- „Telemedizinische" Ausbildung.

Aus diesen Prinzipien leitet der Weltärztebund folgende Empfehlungen ab an die nationalen Ärztekammern:

- die Annahme dieser Empfehlungen durch die nationalen Ärztekammern,
- die Förderung von Ausbildungs- und Evaluationsprogrammen für „telemedizinische" Technik,
- die Entwicklung und Implementierung spezialisierter Richtlinien für den Einsatz der „Telemedizin",
- die Förderung standardisierter Protokolle unter konkreter Berücksichtigung medizinischer Belange,
- Richtlinien für die Durchführung „telemedizinischer" Konsultationen.

Auch wenn bislang in Deutschland zu dieser Erklärung keine offizielle Beschlusslage der Ärzteschaft herbeigeführt wurde, so kann doch aus der Mitwirkung deutscher Vertreter an dieser Erklärung geschlossen

---

zeichnet wird. Aus dem Gesamtdokument geht schließlich eindeutig hervor, dass keine Einschränkung (im deutschen Wortsinn) beabsichtigt ist.

Da es gegenwärtig im Englischen noch erhebliche Unschärfen gibt bei der Bezeichnung spezifischer ärztlicher Leistungen mit den Mitteln der Telematik (im deutschen Wortsinn „Telemedizin"), sollte im Deutschen diesem Sprachgebrauch nicht gefolgt werden.

werden, dass ein grundsätzlicher Konsens besteht, der erst noch in nationale Vorgaben umgesetzt werden muss.

- **USA: Februar 2000, Notice of Proposed Rule Making (NPRM) for „Standards of Privacy of Individual Identifiable Health Information". U.S. Department of Health and Human Services.**

  Im „Health Insurance Portability and Accountability Act" von 1996 setzte sich der amerikanische Kongress einen Stichtag zum 21.08.1999 für die Verabschiedung einer umfassenden Gesetzgebung zur Vertraulichkeit von Gesundheitsdaten [Tang 2000][114]. Nachdem dieser Termin ohne entsprechende Gesetzesvorlage verstrichen war, trat eine im vorgenannten Gesetz verankerte Ersatzregelung in Kraft, nach der das amerikanische Gesundheitsministerium, „U.S. Department of Health and Human Services" (**HHS**), diesen Missstand mittels Verordnung beheben musste. Zum Jahreswechsel veröffentlichte daher das HSS mit einer dreimonatigen Einspruchsfrist einen Entwurf über „Standards für die Vertraulichkeit individuell identifizierbarer Gesundheitsinformation".

  Von diesem Entwurf werden lediglich personenbezogene oder personenbeziehbare Gesundheitsinformationen in elektronischer Form erfasst, in den Händen von Leistungserbringern im Gesundheitswesen, wie auch deren Versicherer und Abrechnungsstellen. Der angestrebte Schutz der Daten gilt so lange diese Daten sich bei den bezeichneten Stellen befinden. So geschützte Gesundheitsdaten könnten ohne besondere Einwilligung der Betroffenen für Behandlungszwecke, im Rahmen von deren Bezahlung oder Verwaltung übermittelt werden.

  Für alle Übermittlungen außerhalb des Geltungsbereichs werden die betroffenen Stellen aufgefordert, entsprechende Verträge zur Vertraulichkeit mit allen anderen dritten Stellen abzuschließen, sofern die Daten nicht im Rahmen einer Überweisung oder zu Abrechnungszwecken übermittelt werden. Unter bestimmten Umständen jedoch dürfen Gesundheitsdaten auch darüber hinaus offenbart werden, wie z.B. bei staatlichen Aufsichtsaufgaben, gegenüber staatlichen Organen mit Gerichtsbeschluss, für nächste Angehörige oder für Gesundheitsforschung.

---

[114] Der Artikel ist auch im Internet verfügbar, Quelle: http:// www.jamia.org / cgi / content/full/7/2/205 (kostenpflichtig, zuletzt geprüft: 17.09.2000).

Die bezeichneten Stellen werden angehalten, personenbezogene Gesundheitsdaten zu anonymisieren durch Verschlüsselung oder Entfernung von 19 bezeichneten, potenziell identifizierenden Merkmalen, wie z.B. Name, Geburtsdatum, Geschlecht, Anschrift oder Versicherungsnummer. So anonymisierte Daten dürfen dann frei genutzt und offenbart werden.

Betroffene erhalten das Recht auf Einsichtnahme in ihre eigenen Gesundheitsdaten, wie auch in die Verarbeitungsmethoden der Gesundheitsversicherung oder Leistungserbringer. Sie haben das Recht unrichtige oder unvollständige Gesundheitsinformationen zu ergänzen oder zu korrigieren. Schließlich haben Betroffene das Recht auf ein Protokoll aller Übermittlungen ihrer Gesundheitsdaten über die Zwecke der Behandlung, der Bezahlung oder Gesundheitsverwaltung hinaus.

Nach Abschluss der Einspruchsfrist wurde deutlich, dass die mehr als 17.000 eingegangene Hinweise eine umfangreiche Überarbeitung erforderlich machen würden, so dass mit einer Umsetzung frühestens zum August 2002 gerechnet wird. Interessant ist, dass die vorgelegten Regelungen vielfach als zu eng gesteckt bezeichnet wurden. Wesentliche Anmerkungen aus Sicht dieser Darstellung waren:

- die Beschränkung des Geltungsbereichs auf „bezeichnete Einrichtungen" sei kontraproduktiv, da so viele potenzielle Nutzer von Gesundheitsdaten nicht betroffen wären und darüber hinaus durch Bundesgesetz ein Sammelsurium einzelstaatlicher Regelungen vermieden werden müsste.
- die Beschränkung auf elektronisch gespeicherte Information auf **alle**, auch papiergebundene, Gesundheitsinformation erweitert werden sollte.
- Patienten sollten **kein** Recht auf die Formulierung zusätzlicher Begrenzung einzelner ihrer Gesundheitsinformationen haben, da somit die Möglichkeit informierter Entscheidungen der Gesundheitsfürsorge begrenzt wären und es darüber hinaus zu einem Konflikt zwischen eingeschränktem Nutzungsrecht und ordnungsgemäßer medizinischer Dokumentation kommen könnte.

Fazit: Es kann festgehalten werden, dass sich alleine in dieser groben Übersicht viele Überschneidungen, aber auch Kontradiktionen, zu gegenwärtig in Deutschland diskutierten Rahmenbedingungen für die Entwicklung telematischer Sicherheitskonzepte finden. Während die dortigen landesspezifischen Vorgaben bei der Entwicklung hiesiger Konzepte nicht unbedingt berücksichtigt werden müssen, sollte in jedem Fall der Aufwand nicht gescheut werden, die Ansätze und Überlegungen anderer Länder zu verstehen, ehe hier ein fertiges Konzept für die Gesundheitstelematik abschließend diskutiert wird, damit die dann gefundenen Ansätze auch über die Landesgrenzen hinaus genutzt werden und Anwendung finden können.

7.2 Weiterarbeit nötig zur Entwicklung einer abgestimmten Policy

1997 erstmals durch die Roland-Berger-Studie geprägt und 1998 vertieft im Rahmen der Initiative *Forum Info 2000* der Bundesregierung, wird der Begriff „Telematik-Plattform" im Gesundheitswesen immer mehr verstanden für jene Kommunikationsinfrastruktur, mittels derer die Übertragung von personenbezogenen Patienten- und Verwaltungsdaten künftig erfolgen soll. Kernpunkt aller diesbezüglicher Technik ist die gemeinsame, abgestimmte und vor allem interoperable Nutzung von Methoden zur Herstellung einer entsprechenden Vertrauenswürdigkeit der notwendigen Infrastruktur.

Neben wesentlichen Komponenten für die Kommunikation im Gesundheitswesen, wie z.B. interoperable elektronische Ausweise und Zertifizierungsstellen muss natürlich ein Konsens erreicht werden, über Art und Weise deren Einsatzes sowie die in dieser Arbeit angesprochenen Rahmenbedingungen. Zurzeit arbeiten eine Vielzahl von namhaft legitimierten Gruppen gleichzeitig an der Entwicklung von Elementen einer hierfür notwendigen Policy. Dabei sind die nachstehenden besonders zu nennen:

- **Arbeitsgruppe „Sicherheitsinfrastruktur**", als gemeinsame Arbeitsgruppe von Partnern der Industrie und Ärzteschaft, entstanden aus der Arbeitsgemeinschaft „Karten im Gesundheitswesen" durch Zusammenschluss des Arbeitskreises 1 (Sicherheit) und des Arbeitskreises 2 (Health Professional Card), Leitung: Dipl.-Inf. Jürgen Sembritzki (Zentralinstitut, Köln)
- **„Aktionsforum Telematik im Gesundheitswesen**" (**ATG**), Köln, als Konsensplattform der Einrichtungen der Selbstverwaltung unter dem Dach der „Gesellschaft für Versicherungswissenschaft und -Gestaltung e.V." (**GVG**) für die Weiterentwicklung der Telematik im Gesundheitswesen, Vorsitzender: Dr. Manfred Zipperer, Köln. Spezielle Team „Sicherheitsinfrastruktur", Leitung: Jürgen Dolle, GVG, Homepage im Internet: http://atg.gvg-koeln.de

- Initiative **„Bayerische GesundheitsChipkarte und Kommunikation“ (BGK)**, München, als Initiative des BayStMAS, zur Erarbeitung eines funktionellen Konzepts für eine landesweit umfassende, sichere und patienten-orientierte elektronische Kommunikation, Koordinator: Prof. Dr. Wilhelm van Eimeren (medis-Institut der GSF, Neuherberg)
- **„Deutsches Institut für Normung** e.V.“ **(DIN)**, Arbeitsgruppe INDI zur „Interoperabilität digitaler Identität“, hervorgegangen aus einem DIN-Workschop, Leiter: Dr. Ulrich Hartmann (Siemens), Internet: http://www.din.de

  „Deutsches Institut für Normung e.V.“ **(DIN)**, Normenausschuss Medizin (NAMed), Fachbereich G, Arbeitsausschuss G4, „Sicherheit“, als eigener Fachbereich des DIN, Leitung: Dr. Bernd Blobel (Otto-von-Guericke-Universität Magdeburg), Internet: http://www.din.de
- **„Initiative Gesundheitstelematik Deutschland** e.V.“ **(IGD)**, Köln, als Initiative des Fraunhofer Instituts und des „Deutschen Zentrums für Luft- und Raumfahrt“ **(DLR)**, zur Förderung der Entwicklung und Einführung von Telematik-Anwendungen im Gesundheitswesen. Vorsitzender: Prof. Dr. Klaus Gersonde (Fraunhofer Institut für Biomedizinische Technik, St. Ingbert), Internet: http://www.igdev.de
- **Initiative D21** e.V., Berlin, als Zusammenschluss führender Unternehmen aus allen Branchen Deutschlands zur Bildung einer übergreifenden Plattform von Politik, Wirtschaft Wissenschaft und Gesellschaft, Vorstand: Erwin Staudt (IBM Deutschland GmbH, Berlin), Internet: http://www.initiatived21.de
- **„Kassenärztliche Bundesvereinigung“ (KBV)**, Köln, mit einer **Arbeitsgruppe** zur Entwicklung einer gemeinsamen **Policy** für die Einführung der elektronischen Arztausweise
- **Lenkungsausschuss** der gemeinsamen Arbeitsgruppe **„Elektronischer Arztausweis“** der BÄK und KBV, zur Entwicklung und Einführung von elektronischen Arztausweisen in Deutschland, Leitung: Dr.med. Ingo Flenker (Ärztekammer Westfalen-Lippe, Münster)
- ***TeleTrusT*** Deutschland e.V., Erfurt, Verein zur Förderung der Vertrauenswürdigkeit von Informations- und Kommunikationstechnik in einer offenen Systemumgebung, **Arbeitsgruppe 3 „Medizinische Anwendungen einer vertrauenswürdigen Informationstechnik“**, mit einer Übersicht aktueller Telematikprojekte, der Veröffentlichung des Kryptoreports und der Erarbeitung von „Grundregeln vertrauenswürdiger Kommunikation am Beispiel verteilter elektronischer Patienten-

daten", Leiter: Dipl.-Inf. Jürgen Sembritzki (Zentralinstitut, Köln), Internet: http://www.teletrust.de

- **Zentralinstitut** für die Kassenärztliche Versorgung in der BRD (**ZI**), Köln, mit vielen Aufgaben der Telematik im Gesundheitswesen, besonders relevant das Monitoring von Pilotprojekten zur Einführung des Elektronischen Arztausweises in Deutschland, Geschäftsführung: Dr. Gerhard Brenner, Internet: http://www.zi-koeln.de
- **„Zentrum für Telematik im Gesundheitswesen"** (**ZTG**), als Initiative der Landesregierung Nordrhein-Westfalen, Geschäftsführer: Dr. Armin Sternitzke. Internet: http://www.ztg-nrw.de

Es muss nicht weiter betont werden, dass die vorgenannte Zusammenstellung nicht eine abschließende Liste aller „wichtigen" Einrichtungen im Gesundheitswesen sein kann. Trotzdem wurden hier wenigstens alle jene Gruppierungen genannt, die im Rahmen dieses Buches erwähnt oder in der genutzten Literatur aufgeführt wurden.

Die hier sichtbar werdende Heterogenität offenbart ein potenzielles Spannungsfeld. Trotz bester Absichten, wird jeder immer seinen eigenen, persönlichen Fokus einbringen oder die Interessen seiner Einrichtung vertreten. Dies führt zwangsläufig dazu, dass ein umfassendes Konzept aus den jeweiligen einzelnen Arbeiten nicht automatisch entstehen kann.

7.3 Veröffentlichung als anerkannte Richtlinie

Man könnte meinen, dass es bei einer solchen Menge von Ansätzen eigentlich leicht sein müsste, eine Übersicht bzw. Zusammenführung der Vorschläge zu fertigen und in einer entsprechenden Gesetzesvorlage oder Verordnung ein einheitliches Sicherheitskonzept für das Gesundheitswesen zu fertigen. Diesem Gedanken stehen reale Kompetenzen und Befugnisse entgegen. Wie schon in der Einleitung zu diesem Buch festgestellt, existiert für das Gesundheitswesen in Deutschland, ja nicht einmal für den umschreiben begrenzten Bereich niedergelassener Vertragsärzte, eine einzelne Einrichtung für telematische Festlegungen, die die notwendige Normungsbefugnisse besitzen würde.

Obwohl dies aus Sicht der Anwender wünschenswert wäre, ist auch eine freiwillige Zertifizierung entsprechender Konzepte gegenwärtig ausgeschlossen, da es keine Einrichtung gibt, die gleichzeitig sowohl über die Anerkennung aller betroffenen Akteure im Gesundheitswesen, wie auch über die für eine solche Aufgabe nötigen Ressourcen verfügen würde.

Eine verbindliche Richtlinie ist daher gegenwärtig ausgeschlossen. Es muss ein andere Weg beschritten werden.

Jede der genannten Gruppierungen erarbeitet für seinen Bereich Veröffentlichungen, Regelungen oder gar exemplarische Pilotprojekte in der sicheren Erkenntnis der Tatsache, dass diese nicht ausschließlich für oder im jeweiligen Zuständigkeitsbereich genutzt werden. Somit wird vielerorts an der grundsätzlichen Struktur gearbeitet, mittels derer die sichere, vertrauliche und geschützte Kommunikation im Gesundheitswesen funktionieren soll.

Gemeinsam nutzbare Funktionen und Methoden müssen anerkannt und gefördert werden, da eine Interoperabilität der Systeme für die unterschiedlichen Akteure im Gesundheitswesen im Sinne der Patientenversorgung ein wichtiges Gut darstellt. Gerade dies wäre die praktische Umsetzung, die seit der Roland-Berger-Studie 1997 mit dem Begriff der „Telematik-Plattform für das Gesundheitswesen“ bezeichnet wird (s. Abschnitt 7.2, Seite 140).

Wenn so viele unterschiedliche Bauherren an einer Telematik-Plattform arbeiten, die letztendlich gemeinsam genutzt werden soll, sind an vielen Stellen gegenseitige Abstimmungen bzw. Rücksichtnahmen notwendig, da ansonsten keine echte Interoperabilität gegeben ist und das Konstrukt nicht tragfähig funktionieren kann. Eine Anerkennung der jeweiligen Arbeit ist dringend erforderlich, damit ein entsprechender Konsens hergestellt werden kann.

Für dieses Ziel ist wiederum vordringlich, dass jede Stelle über die wirkliche Arbeit und den realen Fortschritt der anderen unterrichtet ist. Leider muss festgestellt werden, dass auch hier große Teile des Weges noch unbeschritten sind.

Es ist vermutlich nicht ausschließlich ein Zeichen des schnelllebigen Internet-Zeitalters, wenn festgestellt werden muss, dass in wenig anderen Bereich der Medizin so qualitativ heterogene Literatur existiert wie hier. Bedauerlich dabei ist, dass die enorme Bandbreite zwischen „Hype“ und fachlich fundierter Beschreibung wirklich geprüfter Ergebnisse im Sinne einer Primärliteratur unkritisch hingenommen wird. In anderen Bereichen geht sofort ein kritischer „Aufschrei“ durch die Fachpresse, wenn therapeutische oder diagnostische Mutmaßungen oder gar zweifelhafte Methoden als reale Ergebnisse missinterpretierend dargestellt werden.

Es wäre bedauerlich, wenn noch immer nicht deutlich erkannt wird, dass auch die Telematik im Gesundheitswesen keinen grundsätzlich anderen Stellenwert einnehmen darf, geht es letztendlich bei den übermittelten Informationen doch um solche, aus denen für existierende Menschen diagnostische oder therapeutische Konsequenzen abgeleitet werden müssen.

Die Medizin muss sich der Telematik im Gesundheitswesen, dem neuen Enkelkind in der Familie der medizinischen Disziplinen, annehmen und für eine praktische Umsetzung notwendige Sicherheitskonzepte rasch erarbeiten, abstimmen und als anerkannte Richtlinien veröffentlichen.

8 Zusammenfassung

Auch wenn sich die Gesundheitstelematik in einem raschen Entwicklungsprozess befindet, sind viele ihrer grundsätzlichen Begrifflichkeiten schon in Literatur und Sprachgebrauch verankert. Dabei ist absehbar, dass sich Detailbestimmungen noch weiterentwickeln.

Bei allem Anpassungsbedarf an neue technologische Herausforderungen, regeln umfangreiche Rechtsgrundlagen auf europäischer, nationaler, wie auch staatlicher Ebene die Rahmenbedingungen der sicheren und vertraulichen Übermittlung von personenbezogenen Patientendaten für niedergelassene Ärzte verbindlich. Darüber hinaus liefern Empfehlungen und Richtlinien verschiedener Stellen konkrete Hinweise und Vorschläge für die Umsetzung. Wegen der Eingrenzung vorgestellter Ergebnisse auf den Bereich niedergelassener Ärzte darf dabei nicht übersehen werden, dass für die stationäre Versorgung teilweise weitere bzw. andere Rechtsgrundlagen und Vorschriften gelten, insbesondere auf Landesebene.

Aus diesen Materialien lassen sich Grundanforderungen an ein Sicherheitskonzept entwickeln, wobei zu unterscheiden ist zwischen den verschiedenen Formen der Vertraulichkeit. Anhand der relevanten Risiken von Datenübermittlung und Datenhaltung können informationstechnische, physikalische und logische Methoden bezüglich ihrer Nützlichkeit für Sicherheitskonzepte beurteilt werden. Dabei lassen sich gesicherte und abzulehnende Methoden identifizieren. Es wird aber auch deutlich, dass gegenwärtig für bestimmte Problemstellungen keine absehbar einheitlichen Lösungsansätze gefunden werden können.

Alle vorgenannte Fakten belegen, dass die Entwicklung von Sicherheitskonzepten für die Übermittlung von personenbezogenen Patientendaten im Gesundheitswesen und speziell im Bereich niedergelassener Ärzte nicht mehr am Anfang stehen. Inzwischen haben sich viele Fachleute intensiv mit dem Thema auseinander gesetzt, eine breite Literatur geschaffen und vielfältige Projekte angestoßen.

Leider gehen diese jedoch oftmals noch von ihrer speziellen Sicht aus, mit einem besonderen Fokus auf die spezielle Interessenslage der unterstützenden Einrichtungen. Dies hat zu einem heterogenen, divergenten und teilweise sogar widersprüchlichen Gemenge von Ansätzen und Methoden geführt. Dem gegenüber nehmen Initiativen zur Konsolidierung und Standardisierung einen immer noch viel zu kleinen Umfang an. Hinzu kommt, dass sie manchmal viel zu zaghaft vorangetrieben oder gar durch Voraussetzung unmöglicher Rahmenbedingungen blockiert werden.

Bei dieser Ausgangslage ist es nicht erstaunlich, dass einzelne Projekte, die jedes für sich die Gesundheitstelematik einen Schritt weiter voranbringen könnte, vielfach nur unter dem Fokus proprietärer Interessenslagen ausgerichtet werden und ihrerseits wieder zur Heterogenität und Divergenz der „Szene“ beitragen.

Deutliche Lichtblicke gibt es bei der Entwicklung der Telematik-Plattform für das Gesundheitswesen. Die Rückbesinnung auf ihre drei Säulen, „Adressierung“, „Inhaltsstruktur“ und „Sicherheit“ zeigt, dass wesentliche Grundsteine in Teilen gelegt sind und manche inzwischen sogar als fest etabliert bezeichnet werden können.

- Eine Adressierung ist im Zeitalter des Internets grundsätzlich verfügbar. Viele Ärzte verfügen schon über eine entsprechende E-Mail-Adresse. Es fehlen jedoch arztbezogene, validierte Verzeichnisdienste dafür, die sich einer Nutzung im Gesundheitswesen einfach erschließen.
- Auch die Harmonisierung von Datensatzbeschreibungen und sonstigen Inhaltsstandards macht im Gesundheitswesen Fortschritte. Standen vor Jahren die Nutzer stationärer Standards wie „Health Level Seven“ (**HL7**) oder „Electronic Data Interchange for Administration, Commerce and Transport“ (**EDIFACT**) und die ambulante Versorgung mit ihrer xDT-Familie noch gegeneinander, arbeitet inzwischen eine gemeinsame Arbeitsgruppe einen interoperablen Standard basierend auf „Extensible Markup Language“ (**XML**) aus.
- Mit dem elektronischen Arztausweis für Deutschland sind die ersten Bausteine einer Sicherheitsinfrastruktur für das Gesundheitswesen entwickelt und es ist absehbar, dass weitere Berufsgruppen mit ihren Health Professional Cards folgen werden.

Für die Schaffung einer interoperablen, vertrauenswürdigen und technisch ausgereiften Sicherheitsinfrastruktur fehlt noch eine funktionierende Kommunikation zwischen niedergelassenen Ärzten wie auch anderen Berufsgruppen im Gesundheitswesen.

Für dieses Ziel will das vorliegende Buch einen Betrag leisten. Ein Sicherheitskonzept für die Übermittlung von personenbezogenen Patientendaten muss mindestens folgende Grundregeln berücksichtigen:

1. **Effektiver Schutz angeschlossener Client-Systeme.**

   Jede Leitung zur Datenübertragung stellt einen möglichen Angriffsweg auf lokale Patientendaten dar. Datenfernübertragung darf immer nur von einem Stand-Alone-Rechner oder mit ausreichender Firewall aufgenommen werden.

2. **Einholung einer wirksamen Einwilligung, vor jeder Online-Übermittlung, vom „Herr" der Daten.**

   Außer beim Vorliegen einer ausdrücklichen Rechtsvorschrift, muss für jede Online-Übermittlung die Einwilligung des Patienten eingeholt werden, die umfassend bezeichnen muss: a) **wer**, b) **was**, c) **zu welchem Zweck** erhalten darf. Diese Erklärung muss jederzeit (vor erfolgter Übermittlung) widerrufen werden können.

3. **Nutzung „adressierter Vertraulichkeit" wo möglich.**

   Eine wirksame Verschlüsselung medizinischer Nachrichten sollte genutzt werden zur Einhaltung der Schweigepflicht. Die Ver- und Entschlüsselung im Sinne einer adressierten Vertraulichkeit mittels anerkannter Sicherheitsmechanismen, sollte in ärztlicher Verantwortung erfolgen, wie z.B. durch die Anwendung des HCP-Protokolls. Abschließende Sicherheitsempfehlungen können von anerkannten Stellen erfolgen, wie z.B. dem Bundesamt für Sicherheit in der Informationstechnologie (**BSI**).

4. **Sicherstellung und Nachweis der Integrität übermittelter Daten zur Ableitung therapeutischer Konsequenzen.**

   Jeder Empfänger sollte z.B. mittels Hashwert, Prüfsumme oder digitaler Signatur, wie sie der elektronische Arztausweis bietet überprüfen, dass übermittelte Informationen nicht unterwegs verfälscht wurden.

5. **Überprüfung der Validität übermittelter Daten.**

   „Unversehrt" ist nicht gleich „richtig". Wie bei jeder Nachrichtenübermittlung ist der Arzt selbst verantwortlich für die Prüfung der Validität empfangener Informationen. Dies kann vereinfacht werden durch Rechnerunterstützung, bei besonderer Würdigung pathologischer Werte.

6. **Kennzeichnung der Urheberschaft und Zweckbindung im Datenkontext.**

   Nach einer Datenübernahme ist es leicht, die Kennzeichnung der Urheberschaft zu verlieren. Dies kann eine verfälschende Weiterverwendung möglich machen. Hiergegen sichern Kennzeichnung von Urheberschaft und Zweckbindung im Datenkontext.

7. **Kritischer Umgang mit mehrfach genutzten Patientendaten.**
   Zur Sicherung der informationellen Selbstbestimmung dürfen keine zentrale Sammlung von Patientendaten entstehen. Eine besondere Gefahr besteht in der Zusammenführung von Daten aus unterschiedlichen Kontexten, die Einsichten ermöglichen können, die dieses Recht unterlaufen. Daher gilt der Grundsatz: Datenvermeidung, kritische Zusammenführung und, soweit möglich, Pseudonymisierung im ärztlichen Einflussbereich, z.B. durch eine Identifikationsnummer.

Gegenwärtige Erfahrungen zeigen, dass sich seit Einführung der Versichertenkarte beim Einsatz neuer, elektronischer Medien im Gesundheitswesen viel getan hat. War es Ende der 80'er, Anfang der 90'er Jahre noch die Industrie, die Gesetzgeber, Ärzteschaft und Kostenträger über technische Möglichkeiten aufklärte und ihnen die Richtung wies, hat sich das Blatt entscheidend gewendet. Inzwischen sind mit dem Signaturgesetz und weiteren vergleichbaren Gesetzesnormen oder dem Beschluss zur Realisierung rechtskonformer elektronischer Arztausweise auf interoperabler Basis im Gesundheitswesen Weichen gestellt, die eine künftige Telematik selbst aktiv gestalten und selbst Vorgaben machen für die kommende Entwicklung. Der Wandel hin zum neuen Informationszeitalter ist nun auch im Gesundheitswesen in vollem Gang.

Da aber die Telematik im Gesundheitswesen mit äußerst sensiblen Patientendaten realer Menschen umgehen muss, darf sie nur auf einer gesicherten Rechtsgrundlage mittels validierter Technologie erfolgen. Mit abgestimmten Sicherheitskonzepten für die Telematik im Gesundheitswesen bleibt auch das Vertrauensverhältnis zwischen Patient und Arzt in diesem kritischen Bereich bestehen. Es ist an der Zeit, diese Konzepte konkret abzustimmen und einzuführen.

9 Literatur

Zur besseren Übersicht, wie auch zur Sicherung der strengen Zitierfähigkeit, werden die Literaturangaben zu diesem Buch in drei Abschnitte unterteilt:

- Im ersten Abschnitt „**Literatur**" werden Veröffentlichungen in klassischen Medien aufgeführt, die in diesem Buch verwendet und zitiert wurden.
- In diesem Buch werden vielfach „**Rechtsvorschriften und Verordnungen**" berücksichtigt und zitiert. Diese sind in einem eigenen Abschnitt zusammengefasst.
- Im Rahmen dieses Buches wurden umfangreiche Recherchen im Internet angestellt. Dabei gefundene, im Sinne dieses Buches interessante, „**weiterführende Internet-Quellen**" werden schließlich im letzten Abschnitt aufgeführt.

Einige in diesem Buch verwendete und angegebene Fundstellen aus dem Internet waren mit vertretbarem Aufwand nicht in klassischen Printmedien wieder zu finden. Diese sind daher im klassischen Sinn nicht zitierfähig, da deren dauerhafte Verfügbarkeit i.d.R. fraglich bleibt. Diese sind gesondert in den jeweiligen Abschnitten als Fußnoten aufgeführt[115].

9.1 Literatur

1. Appleby J.: File Safe ? Health Records may not be confidential: In: USA Today, vom 24. März 2000, S. 1

2. Anderson R.: Sicherheit in klinischen Informationssystemen. Deutsche Ubers. (1998) von: Security in Clinical Information Systems, British Medical Association, BMA House, London, Januar 1996, ISBN 0-7279-1048-5

3. Baeriswyl B.: Data Mining und Data Warehousing: Kundendaten als Ware oder geschütztes Gut? In: Recht und Datenverarbeitung - RDV, Heft 1, 2000, S. 6 – 11

---

[115] Sofern die dort angegebene, vollständige URL nicht (mehr) zur bezeichneten Fundstelle führt wird empfohlen, ausgehend von der zitierten Home-Page das Dokument mittels der i.d.R. angebotenen Menüstruktur aufzusuchen.

4. Beolchi L., Loeurng F et al.: Telemedicine Glossary, Glossary of standards, concepts, technologies and users, Working Document of the European Commission, DG XIII-B1, Information Society Technologies, Office for Official Publications of the European Communities, Luxembourg, 1999, ISBN 92-828-7147-9

5. Blobel B.: Datensicherheit in offenen Gesundheitsinformationssystemen. Teil 1: Verteilte Krankenakte stellt hohe Anforderungen an den Datenschutz. In: Krankenhaus Umschau - ku, November 1996, S. 852-857

6. Blobel B.: Datensicherheit in offenen Gesundheitsinformationssystemen. Teil 2: Verschlüsselungsverfahren, Sicherheitsinfrastruktur. In: Krankenhaus Umschau - ku, Dezember 1996, S. 934-937

7. Blobel B., Pommerening K.: Datenschutz und Datensicherheit. In: Führen und Wirtschaft - F&W, 14. Jahrgang, Nr. 2 1997

8. Blobel B., Roger-France F.: A Systematic Approach for Analysis and Design of Secure Health Information Systems. In: International Journal of Medical Informatics, Volume 62(2), 2001

9. Brenner G., van Eimeren W., et al.: (Reds.), Telematik-Anwendungen im Gesundheitswesen, Nutzungsfelder, Verbesserungspotenziale und Handlungsempfehlungen, Schlussbericht der Arbeitsgruppe 7 (Gesundheit) des *Forum Info 2000*, Nomos-Verlag, Baden-Baden, Mai 1998.

10. Bundesärztekammer: Empfehlungen zu ärztlicher Schweigepflicht, Datenschutz und Datenverarbeitung in der Arztpraxis. Bekanntmachung der Bundesärztekammer. In: Deutsches Ärzteblatt 93, Heft 43, 25. Oktober 1996 (53), S. C-1981 - C-1985

11. Bundesministerium für Gesundheit: Länderübersicht Telematik- und Telemedizinanwendungen im Gesundheitswesen in der Bundesrepublik Deutschland, Ergebnisse der Länderbefragung des BMG, Eigenverlag des BMG, Bonn, August 1998

12. De Moor G., Lacombe J. et al.: Telematik für das Gesundheitwesen, Broschüre von ACOSTA Version 1.2, erstellt für Advanced Informatics in Medicine (AIM), European Commission, DG XIII, Unit C-4, Brüssel, 1996

13. Deutsche Gesellschaft für Medizinrecht (DGMR) e.V.: „Einbecker Empfehlungen“ zu Rechtsfragen der Telemedizin, 8. Einbecker Workshop 1999. In: Medizinrecht - MedR, Heft 12, 1999, S. 557 - 558

14. Diffie W., Hellmann M.E.: New Directions in Cryptography. In: IEEE Transactions on Information Theory, 22, 1976

15. van Eimeren W., Franke A. et al.: Gesundheitswesen in Deutschland, Kostenfaktor und Zukunftsbranche, Band II, Fortschritt und Wachstumsmärkte, Finanzierung und Vergütung. Sondergutachten des Sachverständigenrats für die Konzertierte Aktion im Gesundheitswesen, Bonn, 1997
Auch als Kurzfassung: van Eimeren W., Franke A. et al.: Gesundheitswesen in Deutschland, Kostenfaktor und Zukunftsbranche, Band II, Fortschritt und Wachstumsmärkte, Finanzierung und Vergütung. Kurzfassung des Sondergutachtens des Sachverständigenrats für die Konzertierte Aktion im Gesundheitswesen, Bonn, 1997

16. Enquete-Kommission: Deutschlands Weg in die Informationsgesellschaft, Schlussbericht der Enquete-Kommission: Zukunft der Medien in Wirtschaft und Gesellschaft für den Bundestag, Bundestagsdrucksache 13/11004, 22.06.1998

17. Fumy W.: Standardisierung kryptographischer Mechanismen. In: Datenschutz und Datensicherheit - DuD, Nr. 8, 1996, S. 479 ff.

18. Garstka H.: Datenschutz in Praxisnetzen aus Sicht des Datenschutzbeauftragten. In: Zahnärztliche Fortbildung und Qualitätssicherung - ZaeFQ, Nr. 93, 1999

19. Gerling, R.W., Verschlüsselung im Betrieblichen Einsatz, Datakontext-Fachverlag, Frechen, 2000, ISBN 3-89577-139-2

20. Goetz C.: Integrierte Gesundheitsnetze: Beschreibung der notwendigen Systemkomponenten, In: Brenner G., van Eimeren W., et al.: (Reds.), Telematik-Anwendungen im Gesundheitswesen, Nutzungsfelder, Verbesserungspotenziale und Handlungsempfehlungen, Schlussbericht der Arbeitsgruppe 7 (Gesundheit) des *Forum Info 2000*, Nomos-Verlag, Baden-Baden, Mai 1998, Seiten 19 – 32.
Auch in: Goetz, C., Der Weg zu medizinischen Kommunikations-Netzen, Bayerisches Ärzteblatt 53, Heft 6, 7 und 8, Bayerische Landesärztekammer, München, Juni, Juli und August 1998, S. 203 - 205, 249 - 250 und 285 - 287

21. Goetz C. (Red.): Kryptoreport, Kryptographische Verfahren im Gesundheits- und Sozialwesen in Deutschland, zweite ergänzte Auflage, Eigenverlag des TeleTrusT Deutschland e.V., 12. September 1999. (ref. als 1999a)

Auch in: Jäckel A. (Hrsg.) Telemedizinführer Deutschland, Ausgabe 2000, Deutsches Medizin Forum, Bad Nauheim, 1999, S. 95 - 118, ISBN 3-0000-4589-9

22. Goetz C.: Die Herausforderung „Telematik im Gesundheitsesen" - Eine Standortbestimmung. In: Bayerisches Ärzteblatt 54, Heft 10, Bayerische Landesärztekammer, München, Oktober 1999, S. 502 ff. (ref. als 1999b)

23. Goetz C.: Entwicklung der ersten deutschen HPC, dem elektronischen Arztausweis, Authentifikation und Signatur im Gesundheitswesen, In: Jäckel A. (Hrsg.) Telemedizinführer Deutschland, Ausgabe 2000, Deutsches Medizin Forum, Bad Nauheim, 1999, S. 85 - 88, ISBN 3-0000-4589-9. (ref. als 1999c)

24. Goetz C: Health Care Professionals Protocol for Secure Online Transmission of Patient Data, In: Nerlich M., Kretschmer R. (Eds.) The Impact of Telemedicine on Health Care Management, Studies in Health Technology and Informatics, Volume 64, IOS Press, Amsterdam, 1999, S. 65 - 72, ISBN 90 5199 484 2. (ref. als 1999d)

25. Goetz C.: Möglichkeiten und Grenzen aktuellen E-Mail-Versands im Gesundheitswesen, In: Jäckel A. (Hrsg.) Telemedizinführer Deutschland, Ausgabe 2000, Deutsches Medizin Forum, Bad Nauheim, 1999, S. 81 - 84, ISBN 3-0000-4589-9. (ref. als 1999e)

26. Halsall F.: Data Communication, Computer Networks and Open Systems, Addison-Wesley, Harlow, 1996, ISBN 0-201-42293-X

27. Iwansky P.: Datenschutzrechtliche Probleme von Chipkarten am Beispiel der geplanten Patientenkarte unter besonderer Berücksichtigung der europäischen Entwicklung, Mensch-und-Buch, Berlin, 1999, ISBN 3-89820-010-8

28. Jäckel A. (Hrsg.) Telemedizinführer Deutschland, Ausgabe 2000, Deutsches Medizin Forum, Bad Nauheim, 1999, ISBN 3-0000-4589-9

29. Kane B., Sands D.: Guidelines for the Clinical Use of Electronic Mail with Patients. In: Journal of the American Medical Informatics Assiciation, Vol. 5, Nr. 1, Januar / Februar 1998

30. Kassenärztliche Vereinigung Bayerns: Ärztliche Schweigpflicht, Datenschutz in der Arztpraxis, Sicherheit der Praxis-EDV, Datenschutzbroschüre im Eigenverlag der Kassenärztlichen Vereinigung Bayerns, 2. Auflage, März 1999

31. Kaufman C., Perlman R. et al.: Network Security, Private Communication in a Public World, Prentice Hall, Upper Saddle River, NJ, 1995, ISBN 0-13-061466-1

32. Lauterbach K., Lindlar M.: Informationstechnologien im Gesundheitswesen, Telemedizin in Deutschland, Gutachten im Auftrag der Friedrich Ebert Stiftung, Eigenverlag der Friedrich-Ebert-Stiftung, Bonn, 1999

33. Meinel Ch., Grünwoldt L., et al.: TeleMedizin, eine Übersicht, Studie der Projektgruppe Telemedizin des Instituts für Techno- und Wirtschaftsmathematik (ITWM) e.V. der Fraunhofer-Management-Gesellschaft (FhM), Eigenverlag des ITWM Trier, Juli 1996

34. Menzel H.-J., Schläger U.: Der Patient im Gesundheitsnetz, In: Datenschutz und Datensicherheit - DuD, Heft 23, Nr. 2, 1999, S. 70 - 75

35. Möller H., Gesetzliche Vorgaben für anonyme E-Mail, In: Datenschutz und Datensicherheit - DuD, Heft 24, Nr. 6, 2000, S. 344 - 348

36. N.N.: Berichte, Informationen, Sonstiges aus der Europäischen Union, Datenschutz in Grundrechte-Charta der EU, In: Recht der Datenverarbeitung - RDV, 17. Jahrgang 2001, Heft 1, S. 30 - 31

37. Roland Berger: Telematik im Gesundheitswesen, Perspektiven der Telemedizin in Deutschland, Studie von Roland Berger & Partner im Auftrag des BMB+F und BMG, Eigenverlag Roland Berger & Partner München, August 1997

38. Roßnagel A.: Das Signaturgesetz nach zwei Jahren. In: Neue Juristische Wochenschrift - NJW, 1999, Heft 22, S. 1591 - 1596

39. Roßnagel A.: Digitale Signaturen im europäischen Rechtsverkehr. In: Kommunikation Recht, K & R, Juli 2000, Heft 7, S. 313 - 323

40. Schirmer R.: Rechtliche Ausgestaltung neuer Versorgungs- und Vergütungsstrukturen nach § 73a SGB V in kassenärztlicher, berufsrechtlicher und wettbewerbsrechtlicher Hinsicht. In: Vierteljahresschrift für Sozialrecht - VSSR, Heft 5, 1998, S. 1 - 26

41. Schneier B.: Applied Cryptography, Protocols, Algorithms, and Source Code in C, John Wiley & Sons, New York, 1996, ISBN 0-471-11709-9

42. Tang P.: An AMIA Perspective on Proposed Regulation of Privacy of Health Information. In: Journal of the American Medical Informatics Association - JAMIA, Heft 7, 2000, S. 205 - 207

43. Teetz M.: Datensicherheit und E-Commerce, Ist die Vorsicht der Anwender übertrieben ?. In: it-Fokus, Heft 5, Mai 2000, S. 23 - 26

44. Ulsenheimer K., Heinemann N.: Rechtliche Aspekte des Telemedizin - Grenzen der Telemedizin?. In: Medizinrecht MedR, 1999, Heft 5, S 197 - 203

45. Wehrmann R., Wellbrock R.: Datenschutzrechtliche Anforderungen an die Datenverarbeitung und Kommunikation im medizinischen Bereich. In: Computer und Recht - CR, Heft 12, 1997, S. 754 - 762

46. Welsch G., Bremer K.: Die europäische Signaturrichtline in der Praxis. , In: Datenschutz und Datensicherheit - DuD, Heft 24, Nr. 2, 2000, S. 85 - 88

9.2 Rechtsvorschriften und Verordnungen

(AGBG) Gesetz zur Regelung des Rechts der Allgemeinen Geschäftsbedingungen (AGBG) vom 9. Dezember 1976 in der Fassung vom 21. Juli 1999, Bundesgesetzblatt I, S. 1642

(BayBO) Berufsordnung für die Ärzte Bayerns vom 12. Oktober 1997, Bayerisches Ärzteblatt, Heft 11, 1997

(BayDSG) Bayerisches Datenschutzgesetz

(BDSG) Bundesdatenschutzgesetz (BDSG), s. Artikel 1 des Gesetzes zur Fortentwicklung der Datenverarbeitung und des Datenschutzes vom 20. Dezember 1990, Bundesgesetzblatt I, S. 2954 bis 2955, zuletzt geändert durch das Gesetz zur Neuordnung des Postwesens und der Telekommunikation vom 14. September 1994, Bundesgesetzblatt I, S. 2325

(GG) Grundgesetz für die Bundesrepublik Deutschland (GG)

(HKaG) Gesetz über die Berufsausübung, die Berufsvertretung und die Berufsgerichtsbarkeit der Ärzte, Zahnärzte, Tierärzte und Apotheker (Heilberufe-Kammergesetz, HkaG), zuletzt geändert am 9. August 1996, GVBl. Nr. 16, S. 331 ff.

(IuKDG) Gesetz zur Regelung der Rahmenbedingungen für Informations- und Kommunikationsdienste (Informations- und Kommunikationsdienste-Gesetz - IuKDG) vom 13. Juni 1997, Bundesgesetzblatt, Jahrgang 1997, Teil I vom 28. Juli 1997, S. 1870 ff.

(EG-ChGR) Charta der Grundrechte der Europäischen Union, Amtsblatt der Europäischen Gemeinschaft, Nr. C 364/10, vom 18. Dezember 2000

(EG-RLDS) Richtlinie 1995/46/EG des Europäischen Parlaments und des Rates vom 24. Oktober 1995 zum Schutz natürlicher Personen bei der Verarbeitung personenbezogener Daten und zum freien Datenverkehr, Amtsblatt der Europäischen Gemeinschaft, Nr. L 281, vom 23. November 1995, S. 31

(EG-RleS) Richtlinie 1999/93/EG des Europäischen Parlaments und des Rates vom 13. Dezember 1999 über gemeinschaftliche Rahmenbedingungen für elektronische Signaturen, Amtsblatt der Europäischen Gemeinschaft, Nr. L 31, vom 19. Januar 2000, S. 12

(SGBV) Sozialgesetzbuch Fünftes Buch (V),

(SGBX) Sozialgesetzbuch Zehntes Buch (X), 1. und 2. Kapitel vom 18. August 1980, Bundesgesetzblatt I, S. 1469 und 3. Kapitel vom 4. November 1982, Bundesgesetzblatt I, S 1450

(SGBXI) Sozialgesetzbuch Elftes Buch (XI),

(SigG) Signaturgesetz, s. Artikel 3 IuKDG

(SigV) Verordnung zur digitalen Signatur (Signaturverordnung - SigV), Bundesgesetzblatt, Jahrgang 1997, Teil I, Nr. 70 vom 27. Oktober 1997, S. 2498 ff.

(StPO) Strafprozessordnung

(TDG) Teledienstegesetz, s. Artikel 1 IuKDG

(TDDSG) Teledienstedatenschutzgesetz, s. Artikel 2 IuKDG

(TKG) Telekommunikationsgesetz (TDG), Bundesgesetzblatt, Jahrgang 1996, Teil 1, S. 1120 ff., zuletzt geändert durch Artikel 2, Absatz 6 des Sechsten Gesetzes zur Änderung des Gesetzes gegen Wettbewerbsbeschränkungen, Bundesgesetzblatt, Jahrgang 1998, Teil 1, S. 2544.,

(ZPO) Zivilprozessordnung, in der Fassung vom 12. September 1950, BGBl. I, S. 533, zuletzt geändert durch das Gesetz zur Abschaffung der Gerichtsferien vom 28. Oktober 1996, BGBl. I, S. 1546

9.3 Weiterführende Internet-Quellen

Im Rahmen der Recherchen für dieses Buch wurden folgende URL's identifiziert, die sich als weiterführende Literaturquellen eignen könnten. Die nachstehende Liste wird hier unverbindlich angeboten. URL's, die länger als eine Spalte sind, wurden hier in zwei Zeilen manuell umgebrochen **ohne** Hinzufügung eines Trennstrichs. URL's beinhalten grundsätzlich nie Leerzeichen. Daher dürfen hier aus dem Umbruch scheinbar entstehende **nicht** übertragen werden. Alle Angaben wurden am 17.09.2000 zuletzt geprüft.

http://csrc.nist.gov	Computer Security Resource Center (CSRC) of the National Institute of Standards and Technology (NIST)
http://info.imsd.uni-mainz.de / AGDatenschutz	Deutsche Gesellschaft für Medizinische Informatik und Epidemiologie (GMDS), AG Datenschutz in Gesundheitsinformationssystemen
http://tie.telemed.org	Telemedicine Information Exchange (TIE)
http://trc.telemed.org	The Telemedicine Research Center (TRC)
http://www.ansi.org	American National Standards Institute (ANSI)
http://www.bsi.de	Bundesamt für Sicherheit in der Informationstechnik (BSI)
http://www.cdt.org	Center for Democracy & Technology (CDT), Cryptography Policy Debate
http://www.centc251.org	European Committee for Standardization (CEN), Technical Committee for Health Informatics (TC251)
http://www.chim.org	Center for Healthcare Information Management (CHIM)
http://www.cpri.org	CPRI-HOST, Computer-based Patient Record Institute/Healthcare Open Systems and Trials
http://www.darmstadt.gmd.de / mailtrust	MailTrusT-Spezifikation, TeleTrusT AG 8
http://www.din.de	Deutsches Institut für Normung e.V. (DIN)

http://www.hcp-protokoll.de	Health Care Professionals' Protocol
http://www.healthcaresecurity.org	Forum for Privacy and Security in Healthcare (FPSH)
http://www.himss.org	Healthcare Information and Management Systems Society (HIMSS)
http://www.hl7.org	Health Level Seven (HL7)
http://www.iid.de / iukdg	Wegweiser des Bundesministeriums für Wirtschaft und Technologie (BMB+F) zum Informations- und Kommunikationsdienste-Gesetz (IuKDG)
http://www.imia.org	International Medical Informatics Association (IMIA)
http://www.iso.ch	International Organization for Standardization (ISO)
http://www.jhita.org	Joint Healthcare Information Technology Alliance (JHITA)
http://www.kbv-it.de	Rechenzentrum der Kassenärztlichen Bundesvereinigung (KBV-RZ)
http://www.medrecinst.com	Medical Records Institute
http://www.pgpi.org	International PGP Homepage
http://www.regtp.de	Regulierungsbehörde für Telekommunikation und Post (RegTP)
http://www.rsasecurity.com	RSA-Seite von Security Dynamics
http://www.teletrust.de	*TeleTrusT* Deutschland e.V.
http://www.unece.org / trade / untdid	United Nations (UN) Directorys for Electronic Data Interchange for Administration, Commerce and Transport (EDIFACT)
http://www.w3.org / Security	World Wide Web Consortium (W3C) Security Resources
http://www.zi-koeln.de	Zentralinstitut für die Kassenärztliche Versorgung in der Bundesrepublik

Anhang

Glossar[116]

A-/EKV	**Arzt-/Ersatzkassenvertrag**
AGBG	**G**esetz zur Regelung des Rechts der **a**llgemeinen **G**eschäfts**b**edingungen
AMIA	Englisch: **A**merican **M**edical **I**nformatics **A**ssociation
ATG	**A**ktionsforum **T**elematik im **G**esundheitswesen
BÄK	**B**undes**ä**rzte**k**ammer
BayBO	**B**erufs**o**rdnung für die Ärzte **Bay**erns
BayDSG	**Bay**erisches **D**aten**s**chutz**g**esetz
BayStMAS	**Bay**erisches **St**aats**m**inisterium für **A**rbeit und **S**ozialordnung, Familie, Frauen und Gesundheit
BDSG	**B**undes**d**aten**s**chutz**g**esetz
BGB	**B**ürgerliches **G**esetz**b**uch
BGK	**B**ayerische **G**esundheitschipkarte und **K**ommunikation
BLÄK	**B**ayerische **L**andes**ä**rzte**k**ammer
BMV-Ä	**B**undes**m**antel**v**ertrag-**Ä**rzte
BSI	**B**undesamt für **S**icherheit in der **I**nformationstechnologie
CSTB	Englisch: **C**omputer **S**cience and **T**elecommunications **B**oard
DFÜ	**D**aten**f**ernübertragung
DIN	**D**eutsches **I**nstitut für **N**ormung e.V.
DLR	**D**eutsches Zentrum für **L**uft- und **R**aumfahrt
EDIFACT	**E**lectronic **D**ata **I**nterchange **f**or **A**dministration, **C**ommerce and **T**ransport
EG-ChGR	Charta der Grundrechte der Europäischen Union
EG-RLDS	Richtlinie des europäischen Parlaments und des Rates zum Schutz natürlicher Personen und bei der Verarbeitung personenbezogener Daten und zum freien Daten-

[116] Abkürzungen, die in deutscher und englischer Sprache äquivalent sind, werden in der diese Begriffe ursprünglich prägenden Sprache wiedergegeben.

	verkehr
EG-RLeS	Richtlinie des europäischen Parlaments und des Rates über gemeinschaftliche Rahmenbedingungen für elektronische Signaturen
EMR	Englisch: **E**lectronic **M**edical **R**ecord
FTP	Englisch: **F**ile **T**ransfer **P**rotocol
GG	**G**rund**g**esetz für Bundesrepublik Deutschland
GKV	**G**esetzliche **K**ranken**v**ersicherung
GMDS	Gesellschaft für medizinische Informatik, Biometrie und Epidemiologie e.V.
GSM	Englisch: **G**lobal **S**tandard for **M**obile Communication
GVG	**G**esellschaft für **V**ersicherungswissenschaft und -**G**estaltung e.V.
HCPP	Englisch: **H**ealth **C**are **P**rofessionals' **P**rotocol
HHS	Englisch: U.S. Department of **H**ealth and **H**uman **S**ervices
HKaG	**H**eilberufe-**Ka**mmer**g**esetz
HL7	Englisch: **H**ealth **L**evel **Seven**
HPC	Englisch: **H**ealth **P**rofessional **C**ard
HPC-D (Arzt)	standardisierende Bezeichnung des elektronischen Arztausweis für Deutschland
HPD	Englisch: **H**ealth **P**rofessional **D**ata
ICD	Englisch: **I**nternational **C**lassification of **D**isease
IGD	**I**nitiative **G**esundheitstelematik **D**eutschland e.V.
IRC	Englisch: **I**nternet **R**elay **C**hat
ISDN	Englisch: **I**ntegrated **S**ervices **D**igital **N**etwork
ISO	Englisch: **I**nternational **S**tandards **O**rganization
IT	**I**nformations**t**echnologie
IuKDG	**I**nformations- **u**nd **K**ommunikations**d**ienste**g**esetz
KBV	**K**assenärztliche **B**undes**v**ereinigung
KIS	**K**rankenhaus **I**nformations**s**ystem
KVB	**K**assenärztliche **V**ereinigung **B**ayerns
LAN	Englisch: **L**ocal **A**rea **N**etwork
MBO-Ä	**M**uster**b**erufs**o**rdnung für **Ä**rzte
MDK	**M**edizinischer **D**ienst der **K**rankenkassen

MIME Englisch: **M**ultipurpose **I**nternet **M**ail **E**xtensions

NLM Englisch: **N**ational **L**ibrary of **M**edicine

OSI Englisch: **O**pen **S**ystems **I**nterconnection

PDC Englisch: **P**atient **D**ata **C**ard

PGP Englisch: **P**retty **G**ood **P**rivacy

PIN Englisch: **P**ersonal **I**dentification **N**umber

PKI Englisch: **P**ublic **K**ey **I**nfrastructure

PKV **P**rivate **K**ranken**v**ersicherung

PVS **P**raxis**v**erwaltungs**s**ystem

RegTP **Reg**ulierungsbehörde für **T**elekommunikation und **P**ost

RFC Englisch: **R**equest **f**or **C**omment

RöV **Rö**ntgen**v**erordnung

s/MIME Englisch: **S**ecure **M**ultipurpose **I**nternet **M**ail **E**xtensions

SGB **S**ozial**g**esetz**b**uch

SigG **Sig**natur**g**esetz

SigGÄndG **Sig**natur**g**esetz **Änd**erungs**g**esetz

SigV **Sig**natur**v**erordnung

SOHO Englisch: **S**mall **O**ffice, **H**ome **O**ffice

StGB **St**raf**g**esetz**b**uch

StPO **Strafprozessordnung**

StrSchV **Str**ahlen**sch**utz**v**erordnung

TCP/IP Englisch: **T**ransport **C**ontrol **P**rotocol / **I**nternet **P**rotocol

TDDSG **T**ele**d**ienste**d**aten**s**chutz**g**esetz

TDG **T**ele**d**ienste**g**esetz

TFG **T**rans**f**usions**g**esetz

TKG **T**elekommuni**k**ations**g**esetz

VPN Englisch: **V**irtual **P**rivate **N**etwork

W3C Englisch: **W**orld **W**ide **W**eb **C**onsortium

WWW Englisch: **W**orld **W**ide **W**eb

xDT generischer Sammelbegriff für die Familie der Datensatzbeschreibungen der KBV und des ZI für den Bereich niedergelassener Vertragsärzte, abgeleitet aus A**DT**, B**DT**, KV**DT**, L**DT** usw.

XML Englisch: E**x**tensible **M**arkup **L**anguage

ZI	Zentralinstitut für die Kassenärztliche Versorgung in der Bundesrepublik
ZPO	Zivilprozessordnung
ZTG	Zentrum für Telematik im Gesundheitswesen

Abbildungsverzeichnis

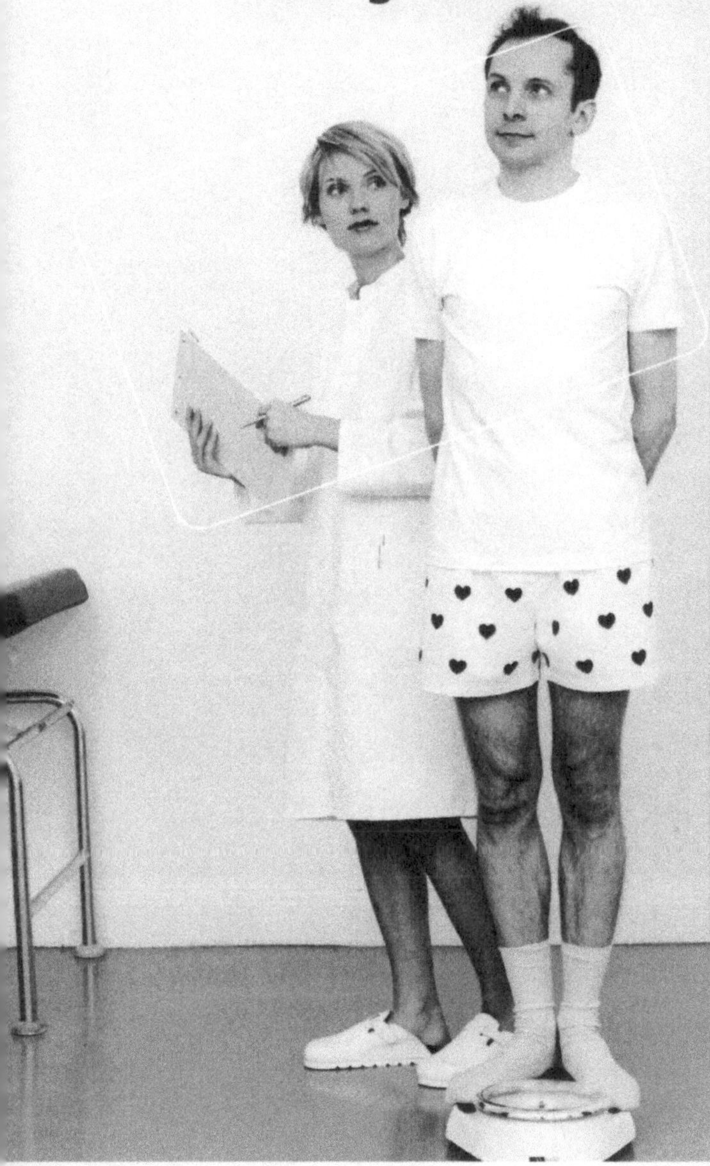